品位生活

茶道

玲珑 主编

吉林科学技术出版社

图书在版编目（CIP）数据

茶道 / 玲珑主编 . -- 长春 : 吉林科学技术出版社，
2022.9
（品味生活）
ISBN 978-7-5578-9095-7

Ⅰ . ①茶… Ⅱ . ①玲… Ⅲ . ①茶道—中国—基本知识
Ⅳ . ① TS971.21

中国版本图书馆 CIP 数据核字（2021）第 277999 号

品味生活·茶道
PINWEI SHENGHUO·CHADAO

主　　编　玲　珑
出 版 人　宛　霞
责任编辑　郑宏宇
封面设计　冬　凡
幅面尺寸　145mm×210mm
开　　本　32
印　　张　5
字　　数　102 千字
页　　数　160
印　　数　1-20 000 册
版　　次　2022 年 9 月第 1 版
印　　次　2022 年 9 月第 1 次印刷

出　　版　吉林科学技术出版社
发　　行　吉林科学技术出版社
地　　址　长春市福祉大路 5788 号龙腾国际大厦 A 座
邮　　编　130118
发行部传真 / 电话　0431-81629529　81629530　81629531
　　　　　　　　　　　　81629532　81629533　81629534
储运部电话　0431-86059116
编辑部电话　0431-81629516
印　　刷　三河市万龙印装有限公司

书　　号　ISBN 978-7-5578-9095-7
定　　价　38.00 元

茶为国饮，数千年来，无论时代如何更迭、社会怎样变迁，它始终伴随并滋养着人们，在人们的生活中不可或缺。茶是至清至洁之物，它雅俗共赏，可饮可食、可浓可淡，亦可入药，是绝佳的保健饮料。一间雅室，几位好友，在茶香袅袅中，在唇齿回甘中谈天说地，确是一件人间乐事。

茶道始于中国唐代，中国茶道的四谛是"和、静、怡、真"。我国是茶的繁衍地，也是世界茶文化的源头，没有一个国家的人能比中国人对茶的了解更深刻。就茶的身世来说，人们通过其发展历程可以判断出许多与茶相关的事，这对鉴赏与享用都是有帮助的；而对茶种类的了解也是十分重要的，我国有着上千种茶叶类型，每种都有其独特的品质与特点，若我们深刻了解这些，那么在冲泡及品饮过程中就能起到至关重要的作用。

茶道是由品茶发展来的。品茶不仅是品茶汤的味道，同时也是一种极优雅的艺术享受，因为喝茶对人体健康有很多好处，同时品茶本身还能给人们带来无穷的精神乐趣。首先，品茶讲求的是观茶色、闻茶香、品茶味、悟茶韵。这四个方面都是针对茶叶茶汤本身而言，也是品茶的基础。其次，品茶的环境也是不可忽视的。试想，在一个嘈杂、脏乱的环境中品茶，一定会破坏饮茶的气氛。因而，自古以来的名人雅士都追求一个静谧的品茶环境，从而达到最佳的品茶效果。另外，品茶还重视心境，它需要人们平心、清净、禅定，如此人们才会获得愉悦的精神享受。好山、好水、好心情，好壶、好茶、好朋友，这便是茶道的最高意境吧！

从爱茶到懂茶，只是一本书的距离。本书解决新手面临的各种疑难问题，是一本为想学茶或正在学茶的爱茶人士提供的入门图书，也是一本集识茶、泡茶、品茶、茶道于一体的精品茶书。清晰大图与精湛文字结合，将与茶相关的细节一一展现在众人面前，就像是带大家走进了一个有关茶的清净世界。

目录

第二章 🍃 DIERZHANG

茶的分类

第三章 🍃 DISANZHANG

选好茶叶泡好茶

第四章 DISIZHANG
茶的一般冲泡流程

第五章 ✦ DIWUZHANG

不可不知的茶礼仪

第六章 ✦ DILIUZHANG

茶人茶事茶典

第一章
DIYIZHANG

修身养性论茶道

何谓茶道

　　"茶道"一词从使用以来，历代茶人都没有给它做过一个准确的定义，直到近年来，爱茶之人才开始讨论起这个悠久的词语来。有人认为，茶道是把饮茶作为一种精神上的享受，是一种艺术与修身养性的手段；有人也说，茶道是一种对人进行礼法教育、道德修养的仪式；还有人认为，茶道是通过茶引导出个体在美的享受过程中实现全人类和谐安乐之道。真可谓：仁者见仁智者见智。一时间"茶道"这个词被越来越多的爱茶之人探讨起来。

　　其实，每个人对茶道的理解都是正确的，茶道本就没有固定的定义，只需要人们细心体会。如果硬要为茶道下一个准确的定义，那么茶道反而会失去其神秘的美感，同时也限制了爱茶之人的想象力。

　　一般认为，茶道兴起于中国唐代，诗僧皎然第一次以诗歌的形式提出了茶道的概念，解释了什么是茶道。他将佛家禅定般若的顿悟，道家的羽化修炼，儒家的礼法、淡泊等有机结合，融入了"茶道"，开启了中华茶道的先河。

　　茶道在宋明时期达到了鼎盛。在宋朝，上至皇帝贵族，下至黎民百姓，无一不将饮茶作为生活中的大事。当时，茶道还形成了独特的品茶法则，即"三点品茶""三不点品茶"。三点品茶其一是指新茶、甘泉、洁器；其二是指天气好；其三是指风流儒雅、气味相投的佳客。反之就是"三不点品茶"。到了明朝，由于散茶兴起，茶道也开辟了另一番辉煌的图景，其中爱茶之人也逐渐涌现出来，为悠久的茶文化留下浓墨重彩的一笔。

清代之后，茶道开始渐渐衰败。但过了不久，随着改革开放的推进，茶道又开始全面复兴起来，时至今日，茶道已经被越来越多人推崇。

我国茶道中，饮茶之道是基础，饮茶修道是目的，也就是说，饮茶是中国茶道的根本。饮茶往往分四个层次：一是以茶解渴，为"喝茶"；二是注重茶、水、茶具的品质，细细品尝，这便是第二个层次"品茶"；三是品茶的同时，我们还要鉴赏周围的环境与气氛，感受音乐，欣赏主人的冲泡技巧及手法，这个过程便是"茶艺"；四是通过"品茶"和"茶艺"之后，由茶引入人生等问题，陶冶情操、修身养性，从而达到精神上的愉悦与性情上的升华，这便是饮茶的最高境界——"茶道"。

真正懂得茶道的人，一定懂得人生。一位作家曾这样说："茶道的意思，用平凡的话来说，可以称作为忙里偷闲，苦中作乐，在不完全现实中享受一点美与和谐，在刹那间体会永久。"

茶道不仅是一种关于泡茶、品茶、鉴茶、悟茶的艺术，同时也算得上是大隐于世、修身养性的一种方式。它不但讲求表现形式，更重要的是注重精神内涵，从而将茶文化的精髓在一缕茶香中传遍世界各地。

茶道修习的法则

茶道不但讲求表现形式，更重要的是注重精神内涵。如今的茶道主要包括两个方面的内容，一是备茶品饮之道，二是思想内涵。当品茶至一定境界，从生理感受上升到心理感受，再上升到精神感受之后，我们便可以进入茶道修行的境界。就中国的茶道而言，要求"和、静、怡、真"这四个字，而其中的"静"，就是中国茶道修习的不二法则。

老子曾说："致虚极，守静笃，万物并作，吾以观复。"另外，庄子也说过："圣人之心静乎！天地之鉴也；万物之镜也。"由此看来，老庄学派的"虚静观复法"是人们修身养性、体悟人生的无上妙法，而中国的茶道也正是通过这一法则达到一种至高无上的境界。

静与美相得益彰。古往今来，无论是高僧、羽士还是儒生，都把"静"作为茶道修习的必经大道。因为静则明，静则虚，静可内敛含藏，静可虚怀若谷，静可洞察明澈，静可体道入微，因而可以说，"欲达茶道通玄境，除却静字无妙法"。古往今来的人在茶道中获得了愉悦之感，也自然体悟到了茶的美感。

中华茶道不仅是要修习者获得身心的愉悦，提升自我的境界，还是修习者寻回迷失自我的必由之路。无论是煮水，还是泡茶、分茶、品茶，都给人们营造出一个无比温馨祥和的氛围，没有纷争，没有喧嚣，一切皆化为静谧之光，让品茶者的心灵在这种静中显得空明澄澈，精神得以净化并升华，从而达到"天人合一"的"虚静"状态。

茶道修习的法则——静

"圣人之心静乎！天地之鉴也；万物之镜也。"在茶道中，只有将守静进行到纯笃的程度，我们才能发现世间万物的本来面目。而在修习茶道的过程中保持心静，修习者就可以放下心中的私心杂念，就可以变得襟怀宽广。茶道正是通过茶事创造一种宁静的氛围和一个空灵虚静的心境，当茶的清香静静地浸润你的心田和肺腑的每一个角落的时候，你的心灵便在这种虚静中显得空明，你的精神便在虚静中升华净化，你将在虚静中与大自然融涵玄会，达到"天人合一"的"天乐"境界。

得一静字，便可洞察万物、思如风云、心中常乐。由此看来，"静"的确称得上是中国茶道修习的重要法则，在寂静的环境中煮水，听山泉水被煮沸发出的声响；将沸水冲入杯中，看茶叶起起伏伏，无声地翻腾；细品茶汤，感受茶汁滑过喉咙的柔滑感觉；观香气袅袅，琴声悠悠，体悟茶道带给人们深邃的内涵。这便是"静"的妙处，心静，神静，万事万物的细微声音才更加凸显，我们的头脑才会变得更为清明。

茶道中的身心享受

　　茶道中的身心享受可称为"怡"。中国的茶道中，可抚琴歌舞，可吟诗作画，可观月赏花，可论经对弈，可独对山水，亦可邀三五友人，共赏美景。儒生可"怡情悦性"，羽士可"怡情养生"，僧人可"怡然自得"。中国茶道的这种怡悦性，使得它有极广泛的群众基础。

　　但从古代开始，不同地位、不同信仰、不同阶级的人对茶道有着不同的目的：古代的王公贵族讲茶道，意在炫耀富贵、附庸风雅，他们重视的往往是一种区别于"凡夫俗子"的独特；文人墨客讲究茶道，意在托物寄怀、激扬文思、交朋结友，他们真正地体会着茶之韵味；佛家讲茶道意在去困提神、参禅悟道，更重视茶德与茶效；普通百姓讲茶道，更多地是想去除油腻，一家人围坐在一起闲话家常……由此看来，上至皇帝，下至黎民，都可以修习茶道。而每位爱茶之人都有自己的茶道，但殊途同归，品茶都给予他们精神上的满足和愉悦。

　　也可以说，身心都获得了圆满，那么便领悟了茶道的终极追求，这也就是茶道中所说的身心享受——怡。

　　茶道中的"怡"，并不是指普通的感受，它包含三个层次：首先是五官的直观享受。茶道的修习是从茶艺开始的。优美的品茶环境，精致的茶具，幽幽的茶香，都会给修习者造成强烈的视觉冲击，并将最直观的感受传递给修习者。其次是愉悦的审美享受，即在闻茶香，观汤色，品茶味的同时，修习者的情丝也会在不知不觉间变得敏感起来。再加上此时泡茶者通常会对茶道讲出一番自己的理解，修习者就会感到身心舒泰，心旷神怡。最后是一种精神上的升华。提升自己的精神境界是中华茶道的最高层次，同时也是众多茶人追求的最高境界。当修习者悟出茶的物外之意时，他们便可以达到提升自我境界的目的了。

中国茶道是一种雅俗共赏的文化，它不仅存在于上流社会中，在百姓间广为流行。正是因为"怡"这个特点，才让众多茶人沉浸在茶的乐趣之中。

茶道的终极追求

"真"是中国茶道的起点，也是中国茶道的终极追求。真，乃真理之真，真知之真，它最初源自道家观念，有返璞归真之意。

中国茶道在从事茶事活动时所讲究的"真"，包括茶应是真茶、真香、真味；泡茶的器具最好是真竹、真木、真陶、真瓷制成的；泡茶要"不夺真香，不损真味"；品茶的环境最好是真山真水，墙壁上挂的字画最好是名家名人真迹……

以上皆属于茶道中求真的"物之真"，除此之外，中国的茶道所追求的"真"还有另外三重含义：

1.追求道之真。即通过茶事活动追求对"道"的真切体悟，达到修身养性，品味人生之目的。

2.追求情之真。即通过品茶述怀，使茶友之间的真情得以发展，在邀请友人品茶的时候，敬客要真情，说话要真诚，从而达到茶人之间互见真心的境界。

3.追求性之真。即在品茶过程中，真正放松自己，在无我的境界中去放飞自己的心灵，放牧自己的天性，让自己飞翔在一片无拘无束的天空中。

以真我的灵魂与茶共品，以真实的心境寄情山水，以真挚的情怀融入自然造化之中，在茶香、茶色、茶味中陶醉、品味、顿悟、

修行，升华人格，锤炼意志。让自己的身心都更健康，更畅适，让自己的一生过得更真实，做到"日日是好日"，这是中国茶道的终极追求。

中国人不轻易言"道"，而一旦论道，则执着于"道"，追求于"真"。饮茶的真谛就在于启发人们的智慧与良知，使人在日常生活中俭德行事，淡泊明志，步入真、善、美的境界。当我们以真心来品真茶，以真意来待真情时，想必就理解茶道的终极追求了。

中国的茶道流派

　　中国的茶道已经流传了千年，沉浸在其中的人也越来越多。由于品茶人文化背景的不同，中国的茶道流派可分为四大类，即贵族茶道、雅士茶道、世俗茶道和禅宗茶道。

1. 贵族茶道

　　贵族茶道由贡茶演化而来，源于明清的潮闽工夫茶，发展到今天已经日趋大众化。贵族茶道最早流传于达官贵人、富商大贾和豪门乡绅之间。他们不必懂诗词歌赋、琴棋书画，但一定要身份尊贵，有地位，且家中一定要富有，有万贯家私。他们用来品饮的茶叶、水、器具都极尽奢华，可谓是"精茶、真水、活火、妙器"，缺一不可。如此的贵族茶道，无非是在炫耀权力与地位，似乎不如此便有损自己的形象与脸面。

　　晋代常据在《华阳国志·巴志》中记载，周武王联合当时居住川、陕、

贵族茶道多注重茶、水、器具的极尽奢华

部（指天水一带，少数民族居住的地方）一带的庸、蜀、羗、苗、微、卢、彭、消几国共同伐纣，凯旋而归。此后，巴蜀之地所产的茶叶便列为朝廷贡品。这便是将茶列为贡品最早的记载。

茶的功能虽然被大众所认知，而一旦被列为贡品，首先享用的必然是皇室成员。正因为各地要进献贡茶，在某种程度上造成了百姓的疾苦。试想，当黎民为了贡茶夜不得息、昼不得停地劳作，得到的茶叶却被贵族们用来攀比炫耀，即便茶本是洁品，也会失去了其质朴的品格和济世活人的德行了吧。

2. 雅士茶道

雅士茶道中的茶人主要是古代的知识分子，他们有机会得到名茶，有条件品茶，是他们最先培养起对茶的精细感觉，也是他们雅化了茶事并创立了雅士茶道。

中国文人嗜茶者在魏晋之前并不多见，且人数寥寥，懂品饮者也只有三五人而已。但唐以后凡著名文人不嗜茶者几乎没有，不仅品饮，还咏之以诗。但自从唐代以后，这些文人雅士颇不赞同魏晋的所谓名士风度，一改"狂放啸傲、栖隐山林、向道慕仙"的文人作风，人人有"入世"之想，希望一展所学、留名千古。于是，文人的作风变得冷静、务实，以茶代酒便蔚为时尚，随着社会及文化的转变，开始担任茶道的主角。

对于饮茶，雅士们已不只图止渴、消食、提神，而在乎导引人之精神步入超凡脱俗的境界，于清新雅致的品茶中悟出点什么。"雅"体现在品茶之趣、以茶会友、雅化茶事等方面。茶人之意在乎山水之间，在乎风月之间，在乎诗文之间，在乎名利之间，希望有所发现，有所寄托，有所忘怀。由于茶助文思，于是兴起了品茶文学，品水文学，除此之外，还有茶歌、茶画、茶戏等。于是，雅士茶道使饮茶升华为精神享受。

3. 世俗茶道

茶是雅物，也是俗物，它生发于"茶之味"，以享乐人生为宗旨，因而添了几分世俗气息。唐朝，从茶叶打开丝绸之路输往海外开始，茶便与政治结缘；文成公主和亲西藏，带去了香茶；宋朝朝廷将茶供给西夏，以取悦强敌；明朝将茶输边易马，用茶作为杀手锏"以制番人之死命"……茶在古代被用在各种各样的途径上。

而现代茶的用途也不在少数，它作为特色的礼品，人情往来靠它，成好事也成坏事，有时温情，有时却显势利。但茶终究是茶，虽常被扔进社会这个大染缸之中，可罪却不在它。

茶作为俗物，由"茶之味"竟生发出五花八门的茶道，大致分为几类，如家庭茶道、社区茶道、平民茶道等，其中确实含有较多的学问。为了使这些学问更加完整与系统，我们可将这些概括为世俗茶道。

如今，随着生活水平逐渐提高，生活节奏加快，还出现了许多速溶茶、袋泡茶，都是既方便又实用的饮品。由此看来，最受中国百姓欢迎的还是世俗茶道，但它此时展现在人们面前的，已经完全不是古时的那种格局了。

4. 禅宗茶道

唐代诗僧皎然是中华茶道的奠基人之一，他提出的"三饮便得道"为禅宗和茶道之间架起了第一座桥梁；另外，佛家认为茶有三德，即坐禅时通夜不眠；满腹时帮助消化；还可抑制性欲。由此，茶成为佛门首选饮品。

陆羽在《茶经》中说："杭州钱塘天竺、灵隐二寺产茶"；宋代天竺所产的香杯茶、白云茶都被列为贡茶献给皇室；阳羡茶的最早培植者是僧人；松萝茶是由一位佛教徒创制的；安溪铁观音"重如铁，美如观音"，其名取自佛经。普陀佛茶更不必说，直接以"佛"名其茶……

茶与佛门有着千丝万缕的联系，佛门中居士"清课"有"焚香、煮茗（茗：原指某种茶叶，今泛指喝的茶）、习静、寻僧、奉佛、参禅、说法、做佛事、翻经、忏悔、放生……"等许多内容，其中"煮茗"名列第二，由此可以"禅茶一味"的提法所言非虚。

现如今，中国的茶道仍然在世界产生深远影响，它将日常的物质生活上升到精神文化层次，既是饮茶的艺术，也是生活的艺术，更成为人生的艺术。

中国茶道的三种表现形式

中国茶道有三种表现形式，即煎茶、斗茶和工夫茶。

1. 煎茶

煎茶从何时何地产生，没有固定的记载，但我们可以从诗词中捕捉到其身影。北宋文学家苏东坡在《试院煎茶》中写道："君不见，昔时李生好客手自煎，贵从活火发新泉。又不见，今时潞公煎茶学西蜀，定州花瓷琢红玉。"由此看来，苏东坡认为煎茶出自西蜀。

古人对茶叶的食用方法经过了几次变迁，先是生嚼，后加水煮成汤饮用，直到秦汉以后，才出现了半制半饮的煎茶法。唐代时，人们饮的主要是经蒸压而成的茶饼，在煎茶前，首先将茶饼碾碎，再到烤茶，用火烤制，烤到茶饼呈现"虾蟆背"时才可以。接着将烤好的茶趁热包好，以免香气散掉，等到茶饼冷却时将它们研磨成细末。以风炉和釜作为烧水器具，将茶加以山泉水煎煮。这便是唐代民间煎茶的方法，由此看来，当时的人们已经在煎茶的技艺上颇为讲究，过程既烦琐又仔细。

2. 斗茶

斗茶又称茗战，兴于唐代末，盛于宋代，是古代品茶艺术的最高表现形式，要经过炙茶、碾茶、罗茶、候汤、焰盏、点茶六个步骤。

斗茶是古代文人雅士的一种品茶艺术，他们各自携带茶与水，通过比斗、品尝、鉴赏茶汤而定优胜。斗茶的标准主要有两方面：

（1）汤色

斗茶对茶水的颜色有着严格的标准，一般标准是以纯白为上，青白、灰白、黄白等次之。纯白的颜色表明茶质鲜嫩，蒸时火候恰到好处；如果颜色泛红，是炒焙火候过了头；颜色发青，表明蒸时火候不足；颜色泛黄，是采摘不及时；颜色泛灰，是蒸时火候太老。

（2）汤花

汤花是指汤面泛起的泡沫。与茶汤相同的是，汤花也有两条标准：其一是汤花的色泽，其标准与汤色的标准一样；其二是汤花泛起后，以水痕出现的早晚定胜负，早者为负，晚者为胜。如果茶末研碾细腻，点汤、击拂恰到好处，汤花匀细，就可以紧咬盏沿，久聚不散，名曰"咬盏"。反之，汤花泛起，不能咬盏，会很快散开。汤花一散，汤与盏相接的地方就会露出茶色水线，即水痕。

斗茶的最终目的是品茶，通过品茶汤、看色泽等这些比斗，评选出优劣茶，唯有那些色、香、味俱佳的茶才算得上好茶，而那些人才能算斗茶胜利。

3. 工夫茶

工夫茶起源于宋代，在广东潮汕地区以及福建一代最为盛行。工夫茶讲究沏茶、泡茶的方式，对全过程操作手艺要求极高，没有一定的工夫是做不到的，既费时又费工夫，因此称为工夫茶。有些人常把"工夫茶"当作"功夫茶"，其实是错误的，因为潮州话"工夫"与"功夫"读音不同。

工夫茶在日常饮用中，从点火烧水开始，到置茶、备器，再到冲水、洗茶、冲茶，再经过冲水、冲泡、冲茶，稍候片刻才可以被人慢慢细饮。之后，再添水烧煮重复第二泡，数泡以后换茶再泡，这一系列的过程听起来就十分费时间。

工夫茶所需要的物品都比较讲究，茶具要选择小巧的，一壶带2至4个杯子，以便控制泡茶的品质；冲泡的水最好是天然的山泉水；茶叶一般选择乌龙茶，以便于冲泡数次仍有余香；另外，冲泡工夫茶的手艺也是有较高要求的。

中国茶道的这三种表现形式，不仅包含着我国古代朴素的辩证唯物主义思想，而且包含了人们主观的审美情趣和精神寄托，它渲染了茶性清纯、幽雅、质朴的气质，同时增强了艺术感染力，实在算是我国茶文化的瑰宝。

茶道的自然美

　　茶道是中国传统文化的精髓，也是中国古典美学的基本特征和文化沉淀。它用自身的特性和独特的美感将古代各家的美学思想融为一体，构成了茶道独特的自然美感。

　　自然美的本意即自然而然、自然率真，因而，用它来形容茶道可谓相得益彰。茶道看似平淡，可平淡之中却又不平淡，具有深刻的韵味及深意。茶道在美学方面追求自然之美，协调之美和瞬间之美。中华茶道的自然之美，赋予了美学以无限的生命力及其艺术魅力，大体可分为虚静之美与简约之美。

1. 虚静之美

　　虚，即无的意思。天地本就是从虚无中来，万事万物也是从虚无中而生。静从虚中产生，有虚才有静，无虚则无静。我国茶道中提出的"虚静"，不仅是指心灵的虚静，同时也指品茶环境的宁静。在茶道的每一个环节中，仔细品味宁静之美，只有摒弃了尘世的浮躁之音后，我们才能聆听到自然界每一种细微的声音。

2. 简约之美

　　简，即简单的意思。约，乃是俭约之意。茶，其贵乎简易，而非贵乎烦琐；贵乎俭约，而非贵乎骄奢。茶历来是雅俗共赏之物，

也因其简约俭朴而被世人所喜爱，越是简单的茶，人们越能从中品出独特的味道。

我国茶道追求真、善、美的艺术境界，这与其自然美都是离不开的。从采摘到制作，茶经历的每一个过程都追求自然，而不刻意。茶的品种众多，但给人的感觉无一不是自然纯粹的，无论从色泽到香气，都能让人感受到大自然的芬芳美感。

茶只斟七分满

"七分茶，八分酒"是我国的一句俗语，也就是说斟酒斟茶不可斟满，茶斟七分，酒斟八分。否则，让客人不好端，溢出来不但浪费，还会烫着客人的手或洒到他们的衣服上，不仅令人尴尬，同时也使主人失了礼数。因此，斟酒斟茶以七八分为宜，太多或太少都是不可取的。

"斟茶七分满"这句话还有一个典故，据说是关于两位名人王安石和苏东坡的。

一日，王安石刚写了一首咏菊的诗："西风昨夜过园林，吹落黄花满地金。"正巧有客人来了，便停下笔，去会客。这时刚好苏东坡来了，他平素恃才傲物、目中无人，当看到这两句诗后，心想王安石真有点儿老糊涂了。菊花最能耐寒，敢与秋霜斗，他所见到的菊花只有干枯在枝头，哪有被秋风吹落得满地皆是呢。"吹落黄花满地金"显然是大错特错了。于是他也不管王安石是他的前辈，提起笔来，在纸上接着写了两句："秋花不比春花落，说与诗人仔细吟。"写完就走了。

王安石回来之后看到了纸上的那两句诗，心想这个年轻人实在有些自负，不过也没有声张，只是想用事实教训他一下，于是借故将苏东坡贬到湖北黄州。临行时，王安石让他再回来时为自己带一些长江中峡的水回来。

苏东坡在黄州住了许久，正巧赶上九九重阳节，就邀请朋友一同赏菊。可到了园中一看，见菊花纷纷扬扬地落下，像是铺了满地的金子，顿时明白了王安石那两句诗的含义，同时也为自己曾经续诗的事感到惭愧。

待苏东坡从黄州回来之时，由于在路途上只顾观赏两岸风景，船过了中峡才想起取水的事，于是就想让船掉头。可三峡水流太急，小船怎么能轻易回头。没办法，他只能取些下峡的水带给王安石。

王安石看到他带来了水很高兴，于是取出皇上赐给他的蒙顶茶，用这水冲泡。斟茶时，他只倒了七分满。苏东坡觉得他太过小气，一杯茶也不肯倒满。王安石品过茶之后，忽然问："这水虽然是三峡水，可不是中峡的吧？"苏东坡一惊，连忙把事情的来由说了一遍。王安石听后说："三峡水性甘纯活泼，但上峡失之轻浮，下峡失之凝浊，只有中峡水中正轻灵，泡茶最佳。"他见苏东坡恍然大悟一般，又说："你见老夫斟茶只有七分，心中一定编排老夫的不是。这长江水来之不易，你自己知晓，不消老夫饶舌。这蒙顶茶进贡，一年正贡365叶，陪茶20斤，皇上钦赐，也只有论钱而已，斟茶七分，表示茶叶的珍贵，也是表示对送礼人的尊敬；斟满杯让你驴饮，你能珍惜吗？好酒稍为宽裕，也就八分吧。"

由此，"七分茶，八分酒"的这个习俗就流传了下来。现如今，"斟茶七分满"已成为人们倒茶必不可少的礼仪之一，这不仅代表了主人对客人的尊敬，也体现了我国传统文化的博大精深。

茶的分类

传统七大茶系分类法

中国的茶叶种类很多，分类也自然很多，但被大家熟知和广泛认同的是按照茶的色泽与加工方法分类，即传统七大茶系分类法：红茶、绿茶、黄茶、青茶、白茶、黑茶和花茶。

1. 红茶

红茶是我国最大的出口茶，出口量占我国茶叶总产量的 50% 左右，属于全发酵茶类。它因干茶色泽、冲泡后的茶汤和叶底以红色为主调而得名。红茶开始创制时被称为"乌茶"，因此，英语称其为"Black Tea"，而并非"Red Tea"。

红茶以适宜制作本品的茶树新芽叶为原料，经萎凋、揉捻、发酵、干燥等工艺过程精制而成。香气最为浓郁高长，滋味香甜醇和，饮用方式多样，是全世界饮用国家和人数最多的茶类。

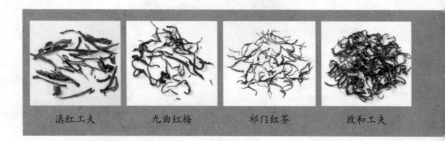

滇红工夫　　　　九曲红梅　　　　祁门红茶　　　　政和工夫

品位生活：➤ **茶道**

红茶中的名茶主要有以下几种：祁门红茶、政和工夫、闽红工夫、坦洋工夫、白琳工夫、滇红工夫、九曲红梅、宁红工夫、宜红工夫，等等。

2. 绿茶

绿茶是历史最早的茶类，距今有3000多年。古代人类采集野生茶树芽叶晒干收藏，可以看作是广义上绿茶加工的开始。但真正意义上的绿茶加工，是从8世纪发明蒸青制法开始，12世纪发明炒青制法，绿茶加工技术已成熟，一直沿用至今，并不断完善。

绿茶是我国产量最大的茶类，其制作过程没有经过发酵，成品茶的色泽、冲泡后的茶汤和叶底均以绿色为主调，较多地保留了鲜叶内的天然物质。其中茶多酚、咖啡因保留鲜叶的85%以上，叶绿素保留50%左右，维生素损失也较少，从而形成了绿茶"清汤绿叶，滋味收敛性强"的特点。由于营养物质损失少，绿茶对人体健康更为有益，对防衰老、杀菌、消炎等均有特殊效果。

绿茶中的名茶主要有以下几种：西湖龙井、洞庭碧螺春、黄山毛峰、信阳毛尖、庐山云雾、六安瓜片、太平猴魁，等等。

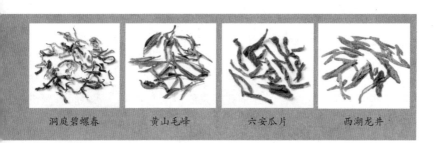

洞庭碧螺春　　　　黄山毛峰　　　　六安瓜片　　　　西湖龙井

3. 黄茶

由于杀青、揉捻后干燥不足或不及时，叶色变为黄色，于是人们发现了茶的新品种——黄茶。黄茶具有绿茶的清香、红茶的香醇、白茶的愉悦以及黑茶的厚重，是各阶层人群都喜爱的茶类。其品质特点是"黄叶黄汤"，这种黄色是制茶过程中进行闷堆渥黄的结果。

由于品种的不同，黄茶在茶片选择、加工工艺上有相当大的区别。比如，湖南省岳阳洞庭湖君山的君山银针，采用的全是肥壮的芽头，制茶工艺精细，分杀青、摊放、初烘、复摊、初包、复烘、再摊放、复包、干燥、分级等十道工序。加工后的君山银针外表披毛，色泽金黄光亮。

黄茶中的名茶主要有以下几种：君山银针、蒙顶黄芽、霍山黄芽、海马宫茶、北港毛尖、鹿苑毛尖、广东大叶青，等等。

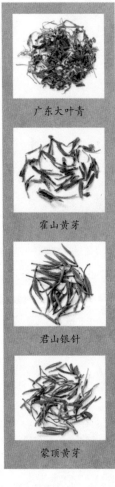

广东大叶青

霍山黄芽

君山银针

蒙顶黄芽

4. 乌龙茶

乌龙茶，主要指青茶，属于半发酵茶，在中国几大茶类中，具有鲜明的特色。它融合了红茶和绿茶的清新与甘鲜，品尝后齿颊留香，回味无穷。

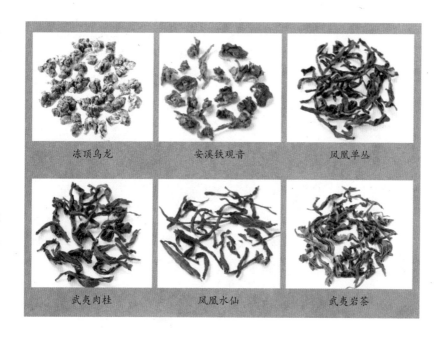

冻顶乌龙　　　　　安溪铁观音　　　　　凤凰单丛

武夷肉桂　　　　　凤凰水仙　　　　　武夷岩茶

　　乌龙茶因其在分解脂肪、减肥健美等方面有着显著功效，又被称为"美容茶""健美茶"，受到海内外人士的喜爱和追捧。

　　乌龙茶中的名茶主要有以下几种：凤凰水仙、武夷肉桂、武夷岩茶、冻顶乌龙、凤凰单丛、黄金桂、安溪铁观音，等等。

5. 白茶

　　白茶是我国的特产，一般地区并不多见。人们采摘细嫩、叶背多白茸毛的芽叶，加工时不炒不揉，晒干或用文火烘干，使白茸毛在茶的外表完整地保留下来，这就是它呈白色的缘故。

　　优质成品茶毫色银白闪亮，有"绿妆素裹"之美感，且芽头肥壮，汤色黄亮，滋味鲜醇，叶底嫩匀。冲泡后品尝，滋味鲜醇可口，还能起到药理作用。中医药理证明，白茶性清凉，具有退热降火之功效，海外侨胞往往将白茶视为不可多得的珍品。

白茶中的名茶主要有以下几种：白牡丹、贡眉、白毫银针、寿眉、福鼎白茶，等等。

6. 黑茶

黑茶因其茶色呈黑褐色而得名。由于加工制造过程中一般堆积发酵时间较长，所以叶片多呈现暗褐色。其品质特征是茶叶粗老、色泽细黑、汤色橙黄、香味醇厚，具有扑鼻的松烟香味。黑茶属深度发酵茶，存放的时间越久，其味越醇厚。

黑茶中的名茶主要有以下几种：普洱茶、四川边茶、六堡散茶、湖南黑茶、茯砖茶、老青茶、老茶头、黑砖茶，等等。

7. 花茶

花茶又称熏花茶、香花茶、香片，属于再加工茶，是中国独特的一个茶叶品种。花茶由精致茶胚和具有香气的鲜花混合，使花香和茶味相得益彰，受到很多人的青睐。

花茶具有清热解毒、美容保健等功效，适合各类人群饮用。随着人们生活水平提高，时尚生活越来越丰富，花茶也增添了许多品种，例如保健茶、工艺茶、花草茶，等等。

常见的花茶主要有：茉莉花茶、玉兰花茶、珠兰花茶、茉莉龙珠、茉莉银针、玫瑰花茶、菊花茶、千日红、女儿环，等等。

白茶	黑茶	花茶

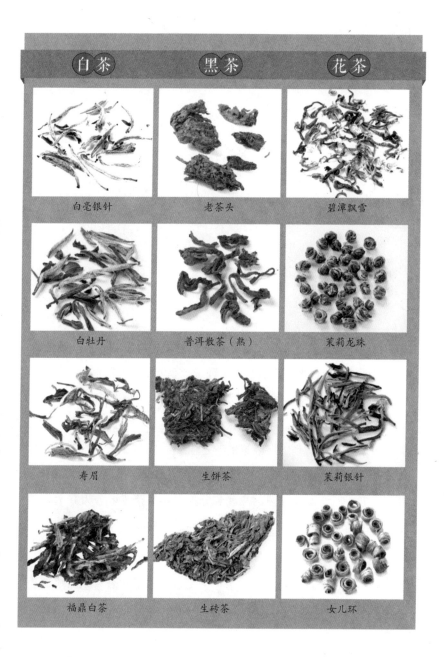

白毫银针	老茶头	碧潭飘雪
白牡丹	普洱散茶（熟）	茉莉龙珠
寿眉	生饼茶	茉莉银针
福鼎白茶	生砖茶	女儿环

第二章 ▶ 茶的分类

27

按茶树品种分类

我国是世界上最早种茶、制茶、饮茶的国家，已经有几千年的茶树栽培历史。植物学家通过分析得出的结论是，茶树从起源到现在已经有 6000 万 ~ 7000 万年的漫长历史。

茶树是一种多年生的常绿灌木或小乔木的植物，高度在 1 ~ 6 米，而在热带地区生长的茶树有的为乔木型，树高可达 15 ~ 30 米，基部树围达 1.5 米以上，树龄在数百年甚至上千年。花开在叶子中间，为白色、五瓣，有芳香。茶树叶互生，具有短柄，树叶的形状有披针状、椭圆形、卵形和倒披针形等。树叶的边缘有细锯齿。茶树的果实扁圆，果实成熟开裂后会露出种子，呈卵圆形，棕褐色。

茶树同其他物种一样，需要有一定的生长环境才能存活。茶树由于在某种环境中长期生长，受到特定环境条件的影响，通过新陈代谢，形成了对某些生态因素的特定需要，从而形成了茶树的生存条件。这种生存条件主要包括地形、土壤、阳光、温度、雨水等。

根据自然情况下茶树的高度和分枝习性，茶树可分为乔木型、小乔木型和灌木型。

1. 乔木型

乔木型的茶树是较原始的茶树类型，分布于和茶树原产地自然条件较接近的自然区域，即我国热带或亚热带地区。植株高大，分枝部位高，主干明显，分枝稀疏。叶片大，叶片长度的范围为10～26厘米，多数品种叶长在14厘米以上。结实率低，抗逆性弱，特别是抗寒性极差。芽头粗大，芽叶中多酚类物质含量高。这类品种分布于温暖湿润的地区，适宜制红茶，品质上具有滋味浓郁的特点。

2. 小乔木型

小乔木型茶树属于进化类型，分布于亚热带或热带茶区，抗逆性相比于乔木类型要强。植株较高大，从植株基部至中部主干明显，植株上部主干则不明显。分枝较稀，大多数品种叶片长度在10～14厘米，叶片栅栏组织多为两层。

3. 灌木型

灌木型茶树也属于进化类型，主要分布于亚热带茶区，我国大多数茶区均有其分布，包括的品种也最多。地理分布广，茶类适制性亦较广。灌木类型的茶树品种，植株低矮，分枝部位低，从基部分枝，无明显主干，分枝密。叶片小，叶片长度范围在2.2～14厘米。叶片栅栏组织2～3层。结实率高，抗逆性强。芽中氨基氮含量高。

灌木型茶叶还可按茶树品种分为以下类别：根据茶树的繁殖方式分类，可分为有性品种和无性品种两类；根据茶树成熟叶

灌木型茶树

片大小分类，可分为特大叶品种、大叶品种、中叶品种和小叶品种四类。

以下介绍几种我国台湾地区按茶树品种分类的茶叶：

＊青心乌龙

属于小叶种，适合制造部分发酵的晚生种，由于本品种是一个极有历史并且被广泛种植的品种，因此有种仔、种茶、软枝乌龙等别名。树型较小，属于开张型，枝叶较密，幼芽成紫色，叶片呈狭长椭圆形，叶肉稍厚柔软富弹性，叶色呈浓绿富光泽。本品种所制成的包种茶不但品质优良，且广受消费者喜好，故成为本省栽植面积最广的品种，可惜树势较弱，易患枯枝病且产量低。

＊硬枝红心

别名大广红心，属于早生种，适合制造包种茶的品种，树型大且直立，枝叶稍疏，幼芽肥大且密生茸毛，呈紫红色，叶片锯齿较锐利，树势强健，产量中等。制造铁观音茶泽外观优异且滋味良好。本品种所制成的条型或半球型包种茶，具有特殊香味，但因成茶色泽较差而售价较低。

＊大叶乌龙

台湾地区四大名种之一。属于早生种，适合制造绿茶及包种茶品种，树型高大直立，枝叶较疏，芽肥大茸毛多呈淡红色，叶片大且呈椭圆形，叶色暗绿，叶肉厚树势强，但收成量中等。本品种目前零星散布于台北市汐止、深坑、石门等地区，面积逐年减少中。

按产地取名分类

我国的许多省份都出产茶叶，但主要集中在南部各省，基本分布在东经94°～122°、北纬18°～37°的广阔范围内，有浙、苏、闽、湘、鄂、皖、川、渝、贵、滇、藏、粤、桂、赣、琼、台、陕、豫、鲁、甘等省区的上千个县市。

由于茶树是热带、亚热带多年生常绿树种，要求温暖多雨的气候环境，酸性土壤的土地条件。南方地区多山云雾大，散射光多，日照短，昼夜温差大，气候阴凉，对形成茶叶优良品种非常有利，因而可以高产。

茶树最高种植在海拔2600米高地上，而最低仅距海平面几十米。在不同地区，生长着不同类型和不同品种的茶树，从而决定了茶叶的品质及其适制性和适应性，形成了颇为丰富的茶类结构。

根据产地取名的茶叶品种很多，以下列举几种精品茶叶：

1. 安溪铁观音

1725～1735年间，由福建安溪人发明，是中国十大名茶之一。铁观音独具"观音韵"，清香雅韵，"七泡余香溪月露，满心喜乐岭云涛"，以其独特的韵味和超群的品质备受人们青睐。

2. 洞庭碧螺春

中国十大名茶之一，因产于江苏省苏州市太湖洞庭山而得名。太湖地区水气升腾，雾气悠悠，空气湿润，极宜于茶树生长。碧螺春茶叶早在隋唐时期即负盛名，有千余年历史。喝一杯碧螺春，仿如品赏传说中的江南美女。

洞庭碧螺春

3. 西湖龙井

中国十大名茶之一，因产于中国杭州西湖的龙井茶区而得名。龙井既是地名，又是泉名和茶名。"欲把西湖比西子，从来佳茗似佳人。"这优美的句子如诗如画，泡一杯龙井茶，喝出的却是世所罕见的独特而骄人的龙井茶文化。

西湖龙井

4. 祁门红茶

因产于安徽省祁门一带而得名。"祁红特绝群芳最，清誉高香不二门。"祁门红茶是红茶中的极品，享有盛誉，香名远播，素有"群芳最""红茶皇后"等美称，深受不同人群的喜爱。

祁门红茶

5. 黄山毛峰

产于安徽省黄山，是我国历史名茶之一。特级黄山毛峰的主要特征：形似雀嘴，

黄山毛峰

芽壮多毫，色如象牙、清香高长、汤色清彻，滋味鲜醇，叶底黄嫩。由于新制茶叶白毫披身，芽尖锋芒，且鲜叶采自黄山高峰，于是将该茶取名为黄山毛峰。

6. 冻顶乌龙

冻顶乌龙产自台湾地区鹿谷附近冻顶山，山中多雾，山路又陡又滑，上山采茶都要将脚尖"冻"起来，避免滑下去。山顶被称为冻顶，山脚被称为叫冻脚。冻顶乌龙茶因此得名。

7. 庐山云雾

因产自中国江西的庐山而得名。素来以"味醇、色秀、香馨、汤清"享有盛名。茶汤清淡，宛若碧玉，味似龙井而更为醇香。

8. 君山银针

君山银针产于湖南岳阳洞庭湖中的君山，故称君山银针。茶芽外形很像一根根银针，雅称"金镶玉"。据说文成公主出嫁时就选了君山银针带入西藏。

9. 广东大叶青

大叶青是广东的特产，是黄茶的代表品种之一。

冻顶乌龙

庐山云雾

君山银针

广东大叶青

安吉白茶

安化黑茶

10. 阿里山乌龙茶

阿里山实际上并不是一座山，只是特定范围的统称，正确说法应是"阿里山区"。这里不仅是著名的旅游风景区，也是著名的茶叶产区，阿里山乌龙茶可以算得上是中国台湾高山茶代表。

11. 安吉白茶

安吉白茶属绿茶，为浙江名茶的后起之秀，因其加工原料采自一种嫩叶全为白色的茶树，而得名为安吉白茶。

12 花果山云雾茶

因产于江苏省连云港市花果山而得名。花果山云雾茶生于高山云雾之中，纤维素较少，茶内氨基酸、儿茶多酚类和咖啡因含量都比较高。

13. 安化黑茶

中国古代名茶之一，因产自中国湖南安化县而得名。20 世纪 50 年代曾一度绝产，直到 2010 年，湖南黑茶进入中国世博会，安化黑茶才再一次走进茶人的视野，成为茶人的新宠。

14. 普陀佛茶

普陀佛茶又称为普陀山云雾茶，是中国绿茶类古茶品种之一。普陀山是中国四大佛教名山之一，属于温带海洋性气候，冬暖夏凉，四季湿润，土壤肥沃，为茶树的生长提供了十分优越的自然环境，普陀佛茶也因此而闻名。

15. 南京雨花茶

雨花茶因产自南京雨花台而得名，此茶以其优良的品质备受各类人群喜爱。

16. 婺源绿茶

江西婺源县地势高峻，土壤肥沃，气候温和，雨量充沛，极其适宜茶树生长。"绿丛遍山野，户户有香茶"，是中国著名的绿茶产区，婺源绿茶因此得名。

17. 桐城小花茶

桐城小花茶因盛产于安徽桐城而得名，是徽茶中的名品。桐城小花茶除了具备花茶的各种特征，另有如兰花一样的美好香氛，因茶叶尖头细小，故为小花茶。

18. 广西六堡茶

六堡茶生产已有 200 多年的历史，因产于广西苍梧县六堡乡而得名。其汤色红浓，香气陈厚，滋味甘醇，备受海内外人士赏识。

除以上这些种类之外，还有许多以产地取名的茶叶，例如福鼎白茶、正安白茶、湖北老青茶、黄山贡菊等。

按采收季节分类

茶叶的生长和采制是有季节性的，随着自然条件的变化也会有差异。如水分过多，茶质自然较淡；孕育时间较长，接受天地赐予，茶质自然丰腴。因而，按照不同的季节，可以将茶叶划分为春、夏、秋、冬四季茶。

1. 春茶

春茶俗称春仔茶或头水茶，为3月上旬至5月上旬之间采制的茶，采茶时间在惊蛰、春分、清明、谷雨四个节气。依时日又可分早春、晚春、（清）明前、明后、（谷）雨前、雨后等茶（孕育与采摘期：冬茶采摘结束后至5月上旬，所占总产量比例为35%），采摘期为20～40天，随各地气候而异。

春茶

由于春季温度适中，雨量充沛，无病虫危害，加上茶树经半年冬季的休养生息，使得春梢芽叶肥硕，色泽翠绿，叶质柔软鲜嫩，特别是氨基酸及相应的全氮量和多种维生素，使春茶滋味鲜活，香气馥郁，品质极佳。

2. 夏茶

夏茶的采摘时间在每年夏天，一般为5月中下旬至8月，是春茶采摘一段时间后所新发的茶叶，集中在立夏、小满、芒种、夏至、小暑、大暑等六个节气之间。其中又分为第一次夏茶和第二次夏茶。

第一次夏茶为头水夏仔或二水茶（孕育与采摘期：5月中下旬至6月下旬，所占总产量为17%）。

第二次夏茶俗称六月白、大小暑茶、二水夏仔（孕育与采摘期：7月上旬至8月中旬，所占总产量为18%）。

夏季天气炎热，茶树新梢芽叶生长迅速，使得能溶解茶汤的水浸出物含量相对减少，特别是氨基酸及全氮量的减少。由于受高温影响，夏茶很容易老化，使得茶汤滋味比较苦涩，香气多不如春茶强烈。

夏茶

3. 秋茶

秋茶为秋分前后所采制之茶，采摘时间在每年立秋、处暑、白露、秋分四个节气之间。其中又分为第一次秋茶与

秋茶

第二次秋茶。

第一次秋茶称为秋茶（孕育与采摘期：8 月下旬至 9 月中旬，所占总产量为 15%）。

第二次秋茶称为白露笋（孕育与采摘期：9 月下旬至 10 月下旬，所占总产量为 10%）。

秋季气候条件介于春、夏之间，秋高气爽，有利于茶叶芳香物质的合成与积累。茶树经春、夏二季生长、采摘，新梢芽内含物质相对减少，叶片大小不一，叶底发脆，叶色发黄，滋味、香气显得比较平和。

4. 冬茶

冬茶的采摘时间在每年冬天，集中在寒露、霜降、立冬、小雪四个节气之间（孕育与采摘期：11 月下旬至 12 月上旬，所占总产量为 5%）。

由于气候逐渐转凉，冬茶新梢芽生长缓慢，内含物质逐渐堆积，滋味醇厚，香气比较浓烈。

人们多喜爱春茶，但并不是每种茶中都是春茶最佳。例如乌龙茶就以夏茶为优。因为夏季气温较高，茶芽生长得比较肥大，白毫浓厚，茶叶中所含的儿茶素等也较多。总之，不同的季节，茶叶有着不同的特质，要因茶而异。

按茶叶的形态分类

我国不但拥有齐全的茶类，还拥有众多的精品茶叶。茶叶除了具有各种优雅别致的名称，还有不同的外形，可谓千姿百态。茶叶按其形态可分为以下类别：

1.长条形茶

外形为长条状的茶叶，这种外形的茶叶比较多，例如：红茶中的金骏眉、条形红毛茶、工夫红茶、小种红茶及红碎茶中的叶茶等；绿茶中的炒青、烘青、珍眉、特针、雨茶、信阳毛尖、庐山云雾等；黑茶中的黑毛茶、湘尖茶、六堡茶等；青茶中的水仙、岩茶等。

条形茶 金骏眉

2.螺钉形茶

茶条顶端扭转成螺丝钉形的茶叶，如乌龙茶中的铁观音、色种等。

螺钉形茶 毛蟹（一种铁观音）

3.卷曲条形茶

外形为条索紧细卷曲的茶叶，如绿茶中的洞庭碧螺春、都匀毛尖、高桥银峰等。

卷曲条形茶 洞庭碧螺春

针形茶 白毫银针

扁形茶 西湖龙井

尖形茶 太平猴魁

团块形茶 茯砖茶

束形茶 飞雪迎春

4. 针形茶

外形类似针状的茶叶，如黄茶中的君山银针；白茶中的白毫银针；绿茶中的南京雨花茶、安化松针等。

5. 扁形茶

外形扁平挺直的茶叶，如绿茶中的西湖龙井、旗枪、大方等。

6. 尖形茶

外形两端略尖的茶叶，如绿茶中的太平猴魁等。

7. 团块形茶

毛茶复制后经蒸压造型呈团块状的茶，其中又可分为砖形、枕形、碗形、饼形等。砖形茶形如砖块，如红茶中的米砖茶等；黑茶中的黑砖茶、花砖茶、青砖茶等。枕形茶形如枕头，如黑茶中的金尖茶。碗形茶形如碗臼，如绿茶中的沱茶。饼形茶形如圆饼，如黑茶中的七子饼茶等。

8. 束形茶

束形茶是用结实的消毒细线把理顺的茶叶捆扎成的茶，如绿茶中的绿牡丹等。

9. 花朵形茶

即芽叶相连似花朵的茶叶，如绿茶中的舒城小兰花；白茶中的白牡丹等。

花朵形茶 花开富贵

10. 颗粒形茶

形状似小颗粒的茶叶，如红茶中的碎茶；用冷冻方法制成的速溶茶等。

颗粒形茶

11. 珠形茶

外形像圆珠形的茶叶，亦称珠茶，如绿茶中的平水珠茶；花茶中的茉莉龙珠等。

珠形茶 茉莉龙珠

12. 片形茶

有整片形和碎片形两种。整片形茶如绿茶中的六安瓜片；碎片形茶如绿茶中的秀眉等。

"中华茶苑多奇葩，色香味形惊天下"，不同形态的茶叶构成了多姿多彩的茶文化，为这个悠久文明的古国带来旖旎的风姿与风情。

片形茶 六安瓜片

按熏花种类分

茶叶按是否熏花，可分为花茶与素茶两种。所有茶叶中，仅绿茶、红茶和包种茶有熏花品种，其余各种茶叶，很少有熏茶。这种茶除茶名外，都冠以花的名称，以下为几种花茶：

1. 茉莉花茶

又称茉莉香片。它是将茶叶和茉莉鲜花进行拼合，用茉莉花熏制而成的品种。茶叶充分吸收了茉莉花的香气，使得茶香与花香交互融合。茉莉花茶使用的茶叶以绿茶为多，少数也有红茶和乌龙茶。

茉莉花茶

茶胚吸收花香的过程被称为窨（xūn，同"熏"）制，茉莉花茶的窨制是很讲究的。有"三窨一提，五窨一提，七窨一提"之说，意思是说制作花茶时需要窨制 3 ~ 7 遍才能让毛茶充分吸收茉莉花的香味。每次毛茶吸收完鲜花的香气之后，都需要筛出废花，接着再窨花，再筛废花，再窨，如此进行数次。因此，只要是按照正常步骤加工并无偷工减料的花茶，无论档次高低，冲泡数次之后仍应香气犹存。

2. 桂花茶

桂花茶是由精制茶胚与鲜桂花窨制而成的一种名贵花茶，香味馥郁持久，茶色绿而明亮。茶叶用鲜桂花窨制后，既不失茶原有的香，又带有浓郁的桂花香气。饮用之后有通气和胃的作用，桂花茶是普遍适合各类人群饮用的佳品。

桂花龙井茶

桂花茶盛产于四川成都、广西桂林、湖北咸宁、重庆等地。西湖龙井与代表杭州城市形象的桂花窨制而成的桂花龙井、福建安溪的桂花乌龙等，均以桂花的馥郁芬芳衬托茶的醇厚滋味而别具一格，成为茶中珍品。另外，桂花烘青还远销日本、东南亚，深受国外消费者的喜爱。

3. 玫瑰红茶

玫瑰红茶是玫瑰茶的一种，是由上等的红茶与玫瑰花混合窨制而成的。它口感醇和，除了具有一般红茶的甜香味，还散发着浓郁的茉莉花香。除此之外，玫瑰红茶还可以帮助人们实现美容养颜、补充人体水分、

玫瑰红茶

实现抗皱、降血脂、舒张血管等目标。也正因为如此，玫瑰红茶成为深受广大女性喜爱的佳品。

按制造程序分

茶按照制造程序分类，可分为毛茶与精茶两类。

1. 毛茶

毛茶又称为粗制茶或初制茶，是茶
叶经过初制后含有黄片、茶梗的成品。
其外形比较粗糙，大小不一。

毛茶

毛茶的加工过程就是筛、切、选、拣、
炒的反复操作过程。筛选时可以分出茶
叶的轻重，区别品质的优次；接着经过
复火，可以使头子茶紧缩干脆，便于切
断，提高工效。因为茶胚身骨软硬不同，
不仅很难分出茶叶品质的好坏，且容易
走料，减少经济收入，所以必须在茶胚
含水量一致的情况下，再经筛分、取料、
风选、定级，才能达到精选茶胚、分清
品质优次、取料定级的目的。拣剔是毛
茶加工过程中最费工的作业。为了提高
机器拣剔的效率，尽量减轻拣剔任务，

精茶

达到纯净品质的目的，首先要经过筛分、风选，使茶胚基本上均匀一致，然后再经拣剔，这样才能充分发挥机器拣剔的效率，减少手工拣剔的工作量，达到拣剔质量的要求。

从毛茶到精茶，经过整个生产流水作业线的过程，被称为毛茶加工工艺程序。我国目前有的茶厂采用先抖后圆（先抖筛然后分筛）的做法，也有先圆后抖的做法。

由于毛茶的产地、鲜叶老嫩、采制的季节、初制技术等的不同，品质往往差异很大，但却不妨碍人们饮用。

2.精茶

精茶又称为精制茶、再制茶、成品茶，是毛茶经分筛、拣剔等精制的手续，使其成为形状整齐与品质划一的成品。

按制茶的原材料分

按照制茶所需的原材料，茶叶可分为叶茶和芽茶两类。不同的茶对原材料的要求各不相同，有的需要新鲜叶片制作，因而要等到枝叶成熟后才可摘取；有的则需要采摘其嫩芽，芽越嫩越好。

1. 叶茶

顾名思义，以叶为制造原料的茶类称为"叶茶"。叶茶类以采摘叶为原则，如果外观上有明显的芽尖，则可能是品质较差的夏茶。以下列举两种叶茶：

*酸枣叶茶

酸枣产于我国北方地区，属于落叶灌木或小乔木。酸枣全身都是宝，不仅其果实可以食用，根、茎、叶皆有药用价值，种子也具有镇静、安神的作用。

除此之外，采摘野生酸枣4～5月份的嫩叶，可以制成酸枣叶茶。酸枣叶茶具有镇定、安神、降温、提高免疫力等作用，它对调节神经衰弱、心神不安、失眠多梦都具有良好的作用，对高血压人群的降压效果也很显著。

*菩提叶茶

在冲泡菩提叶茶时，使用的是花叶部分。在德国，菩提叶茶又称为"母亲茶"，因为它们的香气犹如母亲般的慰藉。

菩提叶茶

菩提叶中含有丰富的维生素 C，对人体的神经系统、呼吸系统以及新陈代谢作用极大。菩提叶可以让人镇定情绪，有助于降低血压以及清除血脂，防止动脉硬化，消除疲劳，还可以消除黑斑、皱纹等。

2. 芽茶

用茶芽制作而成的茶类叫作"芽茶"。芽茶以白毫多为特色，茸毛的多少与品种有关，这些茸毛在成茶上体现出来的就是白毫。例如白毫、毛峰或龙井茶等。

市场上，只要看见标有"白毫"或"毛峰"的产品，例如白毫乌龙、白毫银针或黄山毛峰等，这些品种的茶都十分注重白毫，原材料也必须挑选茸毛多的品种。当然，并不是所有的芽茶都注重白毫，有的芽茶在制作过程中就将茸毛压实，俗称"毫隐"。

白毫银针

按茶的生长环境分类

根据茶树生长的地理条件，茶叶可分为高山茶、平地茶和有机茶几个类型，品质有所不同。

1. 高山茶

我国历代贡茶、传统名茶以及当代新创的名茶，往往多产自高山。因而，相比平地茶，高山茶可谓得天独厚，也就是人们平常所说的"高山出好茶"。

茶树一向喜温湿、喜阴，而海拔比较高的山地正好满足了这样的条件，温润的气候，丰沛的降水量，浓郁的湿度，以及略带酸性的土壤，促使高山茶芽肥叶壮，色绿茸多。制成之后的茶叶条索紧结，白毫显露，香气浓郁，耐冲泡。

而所谓高山出好茶，是与平地相比而言，并非是山越高，茶越好。那些名茶产地的高山，海拔都集中在 200 ~ 600 米。一旦海拔超过 800 米，气温就会偏低，这样往往影响了茶树的生长，且茶树容易受白星病危害，用这种茶树新梢制出来的茶叶，饮起来涩口，味感较差。另外，只要气候温和，云雾较多，雨量充沛，以及土壤肥沃，土质良好，即使不是高山，普通的地域也同样可以产出好茶来。

2. 平地茶

平地茶的茶树生长比较迅速，但是茶叶较小，叶片单薄，相比起来比较普通；加工之后的茶叶条索轻细，香味比较淡，回味短。

平地茶与高山茶相比，由于生态环境有别，不仅茶叶形态不一，而且茶叶内质也不相同：平地茶的新梢短小，叶色黄绿少光，叶底硬薄，叶张平展。由此加工而成的茶叶，香气稍低，滋味较淡，身骨较轻，条索细瘦。

3. 有机茶

有机茶就是在完全无污染的产地种植生长出来的茶芽，在严格的清洁生产体系里面生产加工，并遵循无污染的包装、储存和运输要求，且要经过食品认证机构的审查和认可而成的制品。

从外观上来看，有机茶和常规茶很难区分，但就其产品质量的认定来说，两者存在着如下区别：

（1）常规茶在种植过程中通常使用化肥、农药等农用化学品；而有机茶在种植和加工过程中禁止使用任何人工合成的助剂和农用化学品。

（2）常规茶通常只对终端产品进行质量审定，往往很少考虑生产和加工过程；而有机茶在种植、加工、贮藏和运输过程，都会进行必要的检测，为保证全过程无污染。因此，消费者从市场上购买有机茶之后，如果发现有质量问题，完全可以通过有机产品的质量跟踪记录追查到生产过程中的任何一个环节。

按发酵程度分类

　　茶叶的发酵，就是将茶叶破坏，使茶叶中的化学物质与空气产生氧化作用，产生一定的颜色、滋味与香味的过程，只要将茶青放在空气中即可。就茶青的每个细胞而言，要先萎凋才能引起发酵，但就整片叶子而言，是随萎凋而逐步进行的，只是在萎凋的后段，加强搅拌与堆厚后才快速地进行。

　　根据制茶过程中是否有发酵以及不同工艺划分，可将茶叶分为轻酵茶、半发酵茶、全发酵茶和后发酵茶四大类别。

1.轻酵茶

　　不发酵茶，又称绿茶。以采摘适宜茶树新梢为原料，不经发酵，直接茶青、揉捻、干燥等工艺过程，以区别经发酵制成的其他类型茶叶，故名。

2.半发酵茶

　　（1）轻发酵茶，是指不经过发酵过程的茶。因为制作过程不经过发酵，所以气味天然、清香爽口、茶色翠绿。如白茶、武夷、水仙、文山包种茶、冻顶茶、松柏长青茶、铁观音、宜兰包种、南港包种、明德茶、香片、茉莉花茶等。

　　（2）重发酵茶，指乌龙茶。真正的"乌龙茶"是东方美人茶，即白毫乌龙茶，易与俗称的乌龙茶混淆。

3. 全发酵茶

全发酵茶是指 100% 发酵的茶叶，因冲泡后茶色呈现出鲜明的红色或深红色。其中可按品种和形状分为下列两类：

（1）按品种：小叶种红茶、阿萨姆红茶。

（2）按形状：条状红茶、碎形红茶和一般红茶。

4. 后发酵茶

后发酵茶中，最被人熟知的是黑茶。以黑茶中的普洱茶为例，它的前加工是属于不发酵茶类的做法，再经渥堆后发酵而制成。

茶叶中发酵程度会有小幅度的误差，其高低并不是绝对的，按照发酵程度，大致上红茶为 95% 发酵，制作时萎凋的程度最高、最完全，鲜茶内原有的一些多酚类化合物氧化聚合生成茶黄质和茶红质等有色物质，其干茶色泽和冲泡的茶汤以红黄色为主调；黄茶为 85% 发酵，为半发酵茶；黑茶为 80% 发酵，为后发酵茶；乌龙茶为 60%～70% 发酵，为半发酵茶，制造时较之绿茶多了萎凋和发酵的步骤，鲜叶中一部分天然成分会因酵素作用而发生变化，产生特殊的香气及滋味，冲泡后的茶汤色泽呈金

根据发酵程度不同，由轻到重依次为绿茶、白茶、黄茶、乌龙茶、黑茶、红茶。

按照汤色不同，由浅到深依次为绿茶、白茶、黄茶、乌龙茶、黑茶、红茶
（由下至上分别为 1 ~ 4 泡的茶汤）

黄色或琥珀色；白茶为 5% ~ 10% 发酵，为轻发酵茶；绿茶是完全
不发酵的，在制作过程中没有发酵工序，茶树的鲜叶采摘后经过高
温杀青，去除其中的氧化酶，然后经过揉捻、干燥制成，成品干茶
保持了鲜叶内的天然物质成分，茶汤青翠碧绿。

第三章
DISANZHANG

选好茶叶泡好茶

好茶的五要素

市场上的茶叶品种繁多，可谓五花八门，因此，如何选购茶叶成了人们首先要了解的。一般说来，选茶主要从视觉、嗅觉、味觉和触觉等方面来鉴别甄选。好茶在这几方面比普通茶叶要突出许多。总体来看，选购茶叶可从以下五个要素入手：

1. 外形

选购茶叶，首先要看其外形如何。外形匀整的茶往往较好，而那些断碎的茶则差一些。可以将茶叶放在盘中，使茶叶在旋转力的作用下，依形状大小、轻重、粗细、整碎形成有次序的分层。其中粗壮的在最上层，紧细重实的集中于中层，断碎细小的沉积在最下层。各茶类都以中层茶多为好。上层一般是粗老叶子多，滋味较淡，水色较浅；下层碎茶多，冲泡后往往滋味过浓，汤色较深。

除了外形的整碎，还需要注意茶叶的条索如何，一般长条形茶，看松紧、弯直、壮瘦、圆扁、轻重；圆形茶看颗粒

茶饼

的松紧、匀正、轻重、空实；扁形茶看平整光滑程度等。一般来说，条索紧、身骨重，说明原料嫩，做工精良，品质也好；如果条索松散、颗粒松散、叶表粗糙、身骨轻飘，就算不上好茶了，这样的茶尽量不要选购。

各种茶叶都有特定的外形特征，有的像银针，有的像瓜子片，有的像圆珠，有的像雀舌，有的叶片松泡，有的叶片紧结。名优茶有各自独特的形状，如午子仙毫的外形特点是微扁、条直，等等。

根据外形判断茶叶不是很难，只要取适量的干茶叶置于手掌中，通过肉眼观察以及感受就可以判断其好坏了。

除了以上两种方法，还可以通过净度判断茶的好次。净度好的茶，不含任何夹杂物，例如茶片、茶梗、茶末、茶籽和制作过程中混入的竹屑、木片、石灰、泥沙等物。

2. 香气

香气是茶叶的灵魂，无论哪类茶叶，都有独特的香味。例如绿茶清香，红茶略带焦糖香，乌龙茶独有熟果香，花茶则有花香和茶香混合的强烈香气。

我们选购茶叶时，可以根据干茶的香气强弱、是否纯正以及持久程度判断。例如，手捧茶叶，靠近鼻子轻轻嗅一嗅，一般来说，以那些浓烈、鲜爽、纯正、持久并且无异味的茶叶为佳；如果茶

汤色澄清鲜亮带油光

茶汤以没有浑浊或沉淀物产生者为佳。

叶有霉气、烟焦味和熟闷味均为品质低劣的茶。

3. 颜色

各种茶都有着不同的色泽，但无论如何，好茶均有着光泽明亮、油润鲜活的特点，因此，我们可以根据颜色识别茶的品质。总体来说，绿茶翠绿鲜活，红茶乌黑油润，乌龙茶呈现青褐色，黑茶呈黑油色等，呈现以上这些色泽的各类茶往往都是优品。而那些色泽不一、深浅不同或暗而无光的茶，说明原料老嫩不一、做工粗糙，品质低劣。

茶叶的色泽与许多方面有关，例如原料嫩度、茶树品种、茶园条件、加工技术等。如高山绿茶，色泽绿而略带黄，鲜活明亮；低山茶或平地茶色泽深绿有光；如果杀青不匀，也会造成茶叶光泽不匀、不整齐；而制作工艺粗劣，即使鲜嫩的茶芽也会变得粗老枯暗。

除了干茶的色泽之外，我们还可以根据汤色的不同辨别茶叶好坏。好茶的茶汤一定是鲜亮清澈的，并带有一定的亮度，而劣茶的茶汤常有沉淀物，汤色也浑浊。只要我们谨记不同类好茶的色泽特点，相信选好优质茶叶也不是难事。

4. 味道

茶叶种类不同，各自的口感也不同，因而甄别的标准也往往不同，例如：绿茶茶汤鲜爽醇厚，初尝略涩，后转为甘甜；红茶茶汤甜味更浓，回味无穷；花茶茶汤滋味清爽甘甜，鲜花香气明显。茶的种类虽然较多，但均以少苦涩、带甘滑醇厚、能口齿留香的为好茶，以苦涩味重、陈旧味或火味重者为次品。

　　轻啜一口茶，闭目凝神，细品茶中的味道，让茶香融化在唇齿之间。或香醇，或甘甜，或润滑，抑或是细腻，所有好茶的共同特点，都是令人回味无穷的。

5. 韵味

　　所谓韵味，不仅仅是茶叶的味道这么简单，而是一种丰富的内涵以及含蓄的情趣。从古至今，名人墨客，王侯百姓，无一不对茶的韵味大加赞美。无论是雅致的茶诗茶话，还是通俗的茶联茶俗，都包含着人们对茶的浓浓深情。品一口茶，顿时舌根香甜，再尝一口，觉得心旷神怡。直到饮尽杯中茶之后，其中韵味就如余音绕梁一般，久久不去，令人飘然若仙，仿佛人生皆化为馥郁清香的茶汁，苦尽甘来，实在美哉悠哉。

　　无论是哪类茶，都可以用以上五种方法甄别出优劣。只要常常与茶打交道，在外形、香气、颜色、味道、韵味上多下功夫，相信大家一定会选出好茶来。

新茶和陈茶的甄别

所谓新茶，是指当年从茶树上采摘的头几批新鲜叶片加工制成的茶；所谓陈茶，是指上了年份的茶，一般超过五年的都算陈茶。市场上，有些不法商家常常以陈茶代替新茶，欺骗消费者。而人们购买到这类茶叶之后，往往懊悔不已。在此，我们提供一些判断新茶和陈茶的方法，以供大家参考。

1. 根据茶叶的外形甄别新茶和陈茶

一般来说，新茶条索明亮，大小、粗细、长短均匀；条索枯暗、外形不整甚至有茶梗、茶籽者为陈茶。细实、芽头多、锋苗锐利的嫩度高；粗松、老叶多、叶脉隆起的嫩度低。扁形茶以平扁光滑者为新，粗、枯、短者为陈；条形茶以条索紧细、圆直、匀齐者为新，粗糙、扭曲、短碎者为陈；颗粒茶以圆满结实者为新，松散块者为陈。

2. 根据茶叶的色泽甄别新茶和陈茶

茶叶在贮存过程中，由于受空气中氧气和光的作用，使构成茶叶色泽的一些色素物质发生缓慢的自动分解，因此，我们可以从色泽上甄别出新茶和陈茶。一般情况下，新茶色泽清新悦目，绿意分明，呈嫩绿或墨绿色，冲泡后色泽碧绿，而后慢慢转微黄，汤色明

净，叶底亮泽。而陈茶由于不饱和成分已被氧化，通常色泽发暗，无润泽感，呈暗绿或者暗褐色，茶梗断处截

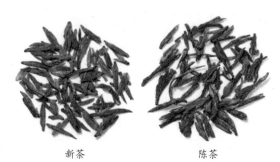

新茶　　　　　　陈茶

面呈暗黑色，汤色也变深变暗，茶黄素被进一步氧化聚合，偏枯黄，透明度低。

绿茶中，色泽枯灰无光、茶汤色变得黄褐不清等都是陈茶的表现；红茶中，色泽变得灰暗、汤色变得混浊不清、失去红茶的鲜活感，这些也是贮存时间过长的表现；花茶中，颜色重，甚至发红的往往都是陈茶。

3. 根据茶叶的香气甄别新茶和陈茶

茶叶中含有带香气成分的物质几百种，而这些物质经过长时间贮藏，往往会不断挥发出来，也会缓慢氧化。因而，时间久了，茶中的香气开始转淡转浅，香型也会由新茶时的清香馥郁而变得低闷混浊。

陈茶会产生一种令人不快的老化味，即人们常说的"陈味"，甚至有粗老气或焦涩气。有的陈茶会经过人工熏香之后出售，但这种茶香味道极为不纯。因此，我们可以通过香气对新茶与陈茶进行甄别判断。

4. 根据茶叶的味道甄别新茶和陈茶

再好的茶叶，只有细细品尝、对比之后才能判断出品质的好坏。因此，我们可以在购买茶叶之前，让卖家泡一壶茶，自己坐下来仔细品饮，通过茶叶的味道来甄别。茶叶在贮藏过程中，其中的酚类化合物、氨基酸、维生素等构成滋味的物质，有的分解挥发，有的缩合成不溶于水的物质，从而使可溶于茶汤中的滋味物质减少。可以说，不管哪种茶类，新茶的滋味往往都醇厚鲜爽，而陈茶却味道寡淡，鲜爽味也自然减弱。

有很多人认为，"茶叶越新越好"，其实这种观点是对茶叶的一种误解。多数茶是新比陈好，但也有许多茶叶是越陈越好，例如普洱茶。因此，大部分人买回了普洱新茶之后都会存储起来，放置五六年或更长时间，等到再开封的时候，这些茶泡完之后香气更加浓郁香醇，可称得上优品。即便是追求新鲜的绿茶，也并非需要新鲜到现采现喝，例如一些新炒制的名茶如西湖龙井、洞庭碧螺春、黄山毛峰等，在经过高温烘炒后，立即饮用容易上火。如果能贮存1～2个月，不仅汤色清澈晶莹，而且滋味鲜醇可口，叶底青翠润绿，而未经贮存的闻起来略带青草气，经短期贮放的却有清香纯洁之感。又如盛产于福建的武夷岩茶，隔年陈茶反而香气馥郁、滋味醇厚。

总之，新茶和陈茶之间有许多不同点，如果我们掌握了这些，在购买茶叶时再用心地品味一番，相信一定能对新茶和陈茶做出准确的判断，买到自己喜欢的种类。

春茶、夏茶和秋茶的甄别

许多茶友购买到茶之后总会觉得，自己每次买相同茶叶，其味道总是不同的。这并不完全是指买到了陈年的茶或劣质茶，有时候，也可能是买到了不同季节的茶。

根据采摘季节的不同，茶叶一般可分为春茶、夏茶和秋茶三种，但季节茶的划分标准又不一致。有的以节气分：例如清明至小满采摘的茶为春茶，小满至小暑采摘的茶为夏茶，小暑至寒露采摘的茶为秋茶；有的以时间分：在5月底以前采制的为春茶，6月初至7月上旬采制的为夏茶；7月中旬以后采制的为秋茶。不同季节的茶叶因光照时间不同，生长期长短的不同，气温的高低以及降水量多寡的差异，品质和口感差异非常之大。那么，如何判断春茶、夏茶和秋茶呢？下面就简单介绍一下几种茶的甄别方法：

1. 观看干茶

我们可以从茶叶的外形、色泽等方面大体判断该茶是在哪个季节采摘的。

从外形上看，春茶的特点往往是叶片肥厚，条索紧结。春茶中的绿茶色泽绿润，红茶色泽乌润，珠茶则颗粒圆紧；夏茶的特点是叶片轻飘松宽，梗茎瘦长，色泽发暗，绿茶与红茶均条索松散，珠茶颗粒饱满；秋茶的特点是叶轻薄瘦小，茶叶大小不一，绿茶色泽黄绿，红茶色泽较为暗红。

除了从外形、色泽辨别三类茶，有时还可根据夹杂在茶叶中的茶花、茶果来判断是哪个季节的茶。由于 7 月下旬至 8 月为茶的花蕾期，而 9 至 11 月为茶树开花期，因此，若发现茶叶中包含花蕾或花朵，那么就可以判断该茶为秋茶。我们也可根据其中的果实进行判别。例如，茶叶中夹杂的茶树幼果大小如绿豆一样时，可以判断此茶为春茶；如果幼果较大，如豌豆那么大时，可判断此茶为夏茶；如果茶果更大时，则可以判断此茶为秋茶。说明的是，一般茶叶加工时都会进行筛选和拣除，很少会有茶花、茶果夹杂在其中，在此只是为了向大家多介绍一种鉴别方法。

2.品饮闻香

判断茶最好的方法还是坐下来品尝一番。春茶、夏茶、秋茶因采摘的季节不同，其冲泡后的颜色与口感也大为不同。

＊春茶

冲泡春茶时，我们会发现叶片下沉较快，香气浓烈且持久，滋味也较其他茶更醇厚。绿茶茶汤往往绿中略显黄色；红茶茶汤红艳显金圈。且茶叶叶底柔软厚实，叶张脉络细密，正常芽叶较多，叶片边缘锯齿不明显。

＊夏茶

冲泡夏茶时，我们会发现叶片下沉较慢，香气略低一些。绿茶茶汤汤色青绿，滋味苦涩，叶底中夹杂着铜绿色的茶芽；而红茶茶汤较为红亮，略带涩感，滋味欠厚，叶底也较为红亮。夏茶的叶底较薄而略硬，夹叶较多，叶脉较粗，叶边缘锯齿明显。

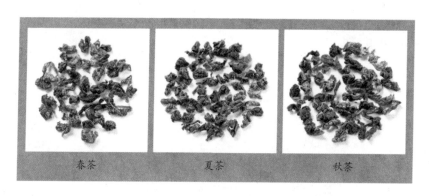

春茶　　　　　　　　夏茶　　　　　　　　秋茶

＊秋茶

冲泡秋茶时，我们能感觉到其香气不高，滋味也平淡，如果是铁观音或红茶，味道中还夹杂着一点儿酸。叶底夹杂着铜绿色的茶芽，夹叶较多，叶边缘锯齿明显。

部分春茶的品质与口感较其他两种茶好，比如购买龙井时一定要买春茶，尤其是明前的龙井，不仅颜色鲜艳，香气也馥郁鲜爽，且能够存储较长的时间。但茶叶有时候因采摘季节不同而呈现出不同的特色与口感，不一定都以春茶为最佳。例如，秋季的铁观音和乌龙茶的滋味比较厚，回甘也较好，因而，喜欢味道醇厚的茶友们可以选择购买这两种茶的秋茶。

通过简单的对比，我们可以看出几种茶还是有很大差别的，如果下次再选购茶叶的时候，一定要根据自己的爱好以及茶叶的品质购买才好。

绿茶的甄别

绿茶是指采摘茶树的新叶之后，未经过发酵，经杀青、揉捻、干燥等工序制成的茶类。其茶汤较多地保存了鲜茶叶的绿色主调，色泽也多为翠绿色。甄别绿茶的好坏可以从以下几个方面入手：

1.外形

绿茶种类有很多，外形自然也相差很多。一般来说，优质眉茶呈绿色且带银灰光泽，条索均匀，重实有锋苗，整洁光滑；珠茶深绿而带乌黑光泽，颗粒紧结，以滚圆如珠的为上品；烘青呈绿带嫩黄色，瓜片翠绿；毛峰茶条索紧结、白毫多为上品；炒青碧绿青翠；而蒸青绿茶中外形紧缩重实，大小匀整，芽尖完整，色泽调匀，浓绿发青有光彩者为上品。

假如绿茶是低劣产品，例如次品眉茶，它的条索常常松扁，弯曲、轻飘、色泽发黄或是很暗淡；如果毛峰茶条索粗松，质地松散，毫少，也属于次品。

2.香气

高级绿茶都有嫩香持久的特点。例如，珠茶芳香持久；蒸青绿茶香气清鲜，又带有特殊的紫菜香；屯绿有持久的板栗香；舒绿有浓烈的花香；湿绿有高锐的嫩香，不同的绿茶都有其不同的特点。

而那些带有烟味、酸味、发酵气味、青草味或其他异味的茶则属于次品。

绿茶中的极品黄山毛尖的干茶及冲泡之后的茶汤

3. 汤色

高级绿茶的汤色较为清澈明亮，例如眉茶、珠茶的汤色清澈黄绿、透明；蒸青绿茶淡黄泛绿、清澈明亮。

而那些汤色呈现出深黄色，或是浑浊、泛红的绿茶，往往都是次品。

4. 滋味

高级绿茶经过冲泡之后，滋味浓厚鲜爽。例如眉茶浓纯鲜爽；珠茶浓厚，回味中带着甘甜；蒸青绿茶的滋味也新鲜爽口。

那些滋味淡薄、粗涩，有老青味和其他杂味的绿茶，皆为次品。

5. 叶底

高级绿茶的叶底往往都是明亮、细嫩的，且质地厚软，叶背也有白色茸毛。那些叶底粗老、薄硬，或呈现出暗青色的茶叶，往往都是次品。

绿茶对人体有很大的益处。常饮绿茶能降血脂，还可以减轻吸烟者体内的尼古丁含量，可称得上是人体内的"清洁剂"。绿茶的价值如此高，选购的人也不在少数，因而有许多不法商家经常会为了牟取暴利而作假。只有我们掌握了甄别绿茶的方法，才会选择出品质最好，最适合自己的绿茶。

红茶的甄别

　　红茶属于全发酵茶，是以茶树的芽叶作为原料，经过萎凋、揉捻、发酵、干燥等工序精制而成的茶叶。红茶一直深受人们的欢迎，但也有许多人不了解该如何选购优质的红茶，以下就为大家提供几种甄别红茶的方法。

　　红茶因其制作方法不同，可分为工夫红茶、小种红茶和红碎茶三种。不同类型的红茶有着不同的甄别方法。

1. 工夫红茶

　　工夫红茶条索紧细圆直，匀齐；色泽乌润，富有光泽；香气馥郁，鲜浓纯正；滋味醇厚，汤色红艳；叶底明亮、呈现红色的为优品。

优质红茶政和工夫的干茶及茶汤

反之，那些条索粗松、匀齐度差，色泽枯暗不一致，香气不纯，茶汤颜色欠明，汤色浑浊，滋味粗淡，叶底深暗的为次品。

工夫红茶中以安徽祁门红茶品质最为名贵，其他的如政和工夫、坦洋工夫和白琳工夫等在国内外也久负盛名，皆为优质红茶。

2. 红碎茶

优质红碎茶的外形匀齐一致，碎茶颗粒卷紧，叶茶条索紧直，片茶皱褶而厚实，末茶成砂粒状，体质重实；碎茶中不含片末茶，片茶中不含末茶，末茶中不含灰末；碎、片、叶、末的规格要分清；香高，具有果香、花香和类似茉莉花的甜香，要求尝味时，还能闻到茶香；茶汤的浓度浓厚、强烈、鲜爽；叶底红艳明亮，嫩度相当。凡有这些特点的红碎茶，往往都是优品。

反之，那些颜色灰枯或泛黄，茶汤浅淡，香气较低，颜色暗浊的红碎茶品质较次。

3. 小种红茶

小种红茶中，较为著名的有正山小种、政和小种和坦洋小种等。优质的小种红茶，其条索较壮，匀净整齐，色泽乌润，具有松烟的特殊香气，滋味醇和、汤色红艳明亮，叶底呈古铜色。

反之，如果香气有异味，汤色浑浊，叶底颜色暗沉，这样的小种红茶往往都是次品。

相信大家已经掌握了红茶的甄别方法，这样在选购红茶时，就不会买到不如意的红茶了。

黄茶的甄别

人们在制作炒青绿茶时发现，由于杀青、揉捻后干燥不足或不及时，茶叶的颜色发生了变化，于是将这类茶命名为黄茶。黄茶的特点是黄叶黄汤，制法比绿茶制法多了一个闷堆的工序。

黄茶分为黄芽茶、黄大茶和黄小茶三类。下面以黄芽茶中的珍品——君山银针为例，简单介绍一下如何甄别黄茶的真假。

君山银针上品茶茶叶芽头苗壮，芽身金黄，紧实挺直，茸毛长短大小均匀，密盖在表面。由于色泽金黄，而被誉称"金镶玉"。冲泡后，香气清新，汤色呈现浅黄色，品尝起来甘甜爽口、滋味甘醇，叶底比较透明。

君山银针是一种较为特殊的黄茶，它有幽香、有醇味，具有茶的所有特性，但它更具有观赏性。君山银针的采制要求很高，如采摘茶叶的时间只能在清明节前后 7 ~ 10 天内，另外，雨天、风霜天不可采摘。在茶叶本身空心、细瘦、弯曲、茶芽开口、茶芽发紫、不合尺寸、被虫咬的情况下都不能采摘。

以上是从外形甄别的方法，这种茶最佳甄别方法是看其冲泡时的形态。刚开始冲泡君山银针时，可以看到真品的茶叶芽尖朝上、蒂头下垂而悬浮于水面，随后缓缓降落，竖立于杯底，升升降降，忽升忽降，特别壮观，有"三起三落"之称，最后竖直着沉到杯子

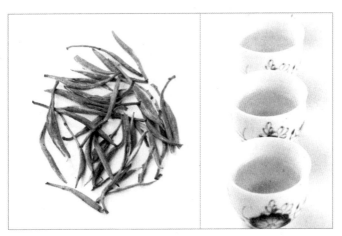

优质黄茶君山银针的干茶及茶汤

底部，像一柄柄刀枪一样站立，十分壮观。看起来又特别像破土而出的竹笋，绿莹莹的。而假的君山银针则不能站立，从这一点很好判断出来。

茶叶会站立的原因很简单，就是"轻者浮，重者沉"。由于茶芽吸水膨胀和重量增加不同步，因此，芽头比重瞬间产生变化。最外一层芽肉吸水，比重增大即下沉，随后芽头体积膨胀，比重变小则上升，继续吸水又下降，如此往复，浮浮沉沉，这才有了"三起三落"的现象。

黑茶的甄别

现在茶市场上有许多以次充好的黑茶，价钱卖得也很贵，初识茶叶的茶友们很容易被欺骗，因此，辨别黑茶的真假也成了我们首要认识的问题。

市场上的假冒伪劣黑茶不过是从以下四个方面入手：

1.假冒品牌和年份

有些不法商贩会冒用优质或认证标志，冒用许可证标志来欺瞒消费者；或是将时间较短的黑茶经过重新包装，冒充年份久远的陈年老茶。大家都知道，黑茶年份越久口感越好，这些不法商贩这样做，无疑是在投机取巧。

2.以次充好

茶叶根据不同类型也会分几个等级，但那些不法商贩往往将低等级的黑茶重新包装，或是掺杂到高等级的黑茶中，定一个较高的价钱，以次充好，低质高价出售，以牟取暴利。

3."三无"产品

"三无"产品是指无标准、无检验合格证或未按规定标明茶叶的产地、生产企业等详细信息。这样的"三无"茶叶，大家一定要谨慎辨别，千万不要贪图便宜而买到假货。

4. 掺假

掺假并不仅仅是掺杂次等黑茶，有些商贩往往在优品黑茶中掺杂价格便宜的红茶、绿茶碎末等。其本质与以次充好一样，都是为了投机取巧，以低质的茶叶赚取高额的利润。

那么，如何从茶叶本身甄别真假呢？首先，我们要了解黑茶的特点，这样才会真正做到"知己知彼，百战百胜"。

黑茶的特点是"叶色油黑或褐绿色，汤色橙黄或棕红色"。因此，我们可以从外形、香气、颜色、滋味四个方面甄别。

1. 外形

如果是紧压茶，那么优质茶往往都会具有这样几个特点：砖面完整，模纹清晰，棱角分明，侧面无裂，无老梗，没有太多细碎的茶叶末掺杂。由于生产的时间不同，砖茶的外形规格都具有当时的特点，例如早前生产的砖茶，砖片的紧压程度和光洁度都比现在的要紧、要光滑。这是由于当时采用的机械式螺旋手摇压机，压紧后

优质的黑茶生沱茶的干茶及茶汤

无反弹现象。后来采用摩擦轮压机后，茶叶紧压后，有反弹松弛现象，砖面较为松泡。

如果要甄别的是散茶，那么条索匀齐、油润则是好茶；以优质茯砖茶和千两茶为例，"金花"鲜艳、颗粒大且茂盛的，则是优品茶的重要特征。

2. 香气

上品黑茶具有菌花香，闻起来仿佛有甜酒味或松烟味，老茶则带有陈香。以茯砖茶和千两茶为例，两者都具有特殊的菌花香；而野生的黑茶则有淡淡的清香味，闻一闻就会令人心旷神怡。

3. 颜色

这里提到的颜色分两种。优品黑茶的颜色多为褐绿色或油黑色，茶叶表面看起来极有光泽。冲泡之后，优品黑茶的汤色橙色明亮。陈茶汤色红亮，如同琥珀一样晶莹透亮，十分好看；而上好野生的新茶汤色可以红得像葡萄酒一样，极具美感。

4. 滋味

上品黑茶的口感甘醇或微微发涩，而陈茶则极其润滑，令人尝过之后唇齿仍带有其甘甜的味道。

只要我们掌握了这几种辨别黑茶的方法，就可以在今后挑选黑茶的时候，能够做到有效判断，不会被假货蒙蔽了双眼。

白茶的甄别

　　由于茶的外观呈现白色，人们便将这类茶称为白茶。传统的白茶不揉不捻，形态自然，茸毛不脱，白毫满身，如银似雪。

　　与其他类茶叶相同，白茶也可以从外形、香气、颜色和滋味四方面鉴别，我们现在来看一下具体的方法：

1. 外形

　　由外形区分白茶包含四个部分。

　　（1）观察叶片的形态。品质好的白茶叶片平伏舒展，叶面有隆起的波纹，叶片的边缘重卷。芽叶连枝并且稍稍有些并拢，叶片的尖部微微上翘，且不是断裂破碎的。而那些品质差的茶叶则正好相反，它们的叶片往往是人为地摊开、折叠与弯曲的，而不是自然的平伏舒展，仔细辨别即可看出。

　　（2）观察叶片的净度。品质好的白茶中只有干净的嫩叶，而不含其他的杂质；那些品质不好的茶叶，里面常常含有碎屑、老叶、老梗或是其他的杂质。我们挑选时，只要用手捧出一些，手指拨弄几下就可以看出茶叶的好坏。

　　（3）观察叶片的嫩度。白茶中，嫩度高的为上品。如果我们要买的茶叶毫芽较多，而且毫芽肥硕壮实，这样的茶可以称得优品；反之，毫芽较少且瘦小纤细，或是叶片老嫩不均匀，嫩叶中夹杂着老叶的茶，则表示这种茶的品质较差。

（4）观察叶底。如果叶色呈现明亮的颜色，叶底肥软且匀整，毫芽较多而且壮实，这样的茶算得上是优品；反之，如果叶色暗沉，叶底硬挺，毫芽较少且破碎，这样的白茶品质往往很差。

2. 香气

拿起一些白茶，仔细嗅一嗅，通过其散发出的香味也可辨别茶叶好坏。那些香味浓烈显著，且有清鲜纯正气味的茶叶可称得上是优品；反之，如果香气较淡，或其中夹杂着青草味，或是其他怪异的味道，这样的白茶往往品质较差。

3. 颜色

通过颜色辨别也包含两个方面。首先是叶片、芽叶的色泽。上品白茶的毫芽的颜色往往是银白色，且具有光泽；反之，如果叶面的颜色呈现草绿色、红色或黑色，毫芽的颜色毫无光泽，或是呈现蜡质光泽的茶叶，品质一般很差。

我们还可以根据汤色判断白茶品质好坏。上品茶冲泡之后，汤色呈现杏黄、杏绿色，且汤汁明亮；而质量差的白茶冲泡之后，汤色浑浊暗沉，且颜色泛红。

4. 滋味

好茶自有好味道，茶味鲜爽、味道醇厚甘甜的白茶，都算得上优品；如果茶味较淡且比较粗涩，这样的茶往往都是次品。

无论是什么类型的白茶，都可以从以上四个方面来甄别，相信时间久了，大家一定会又快又准确地判断出白茶的好坏与真假。

乌龙茶的甄别

乌龙茶又被称为青茶，属于半发酵茶。其制法经过萎凋、做青、炒青、揉捻、干燥五道工序。乌龙茶的特点是"汤色金黄"，它是中

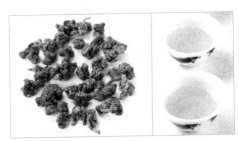

优质冻顶乌龙的干茶及茶汤

国几大茶类中，具有鲜明特色的茶叶品类。

辨别乌龙茶的方法也可以分为观外形、闻香气、看汤色和品滋味四种。

1. 观外形

我们可以观看茶叶的条索，细看条索形状，紧结程度，那些条索紧结、叶片肥硕壮实的茶叶品质往往较好。反之，如果条索粗松、轻飘，叶片细瘦的茶叶品质往往不佳；上好的乌龙茶色泽砂绿乌润或青绿油润，反之，那些颜色暗沉的茶叶往往品质不佳。

2. 闻香气

茶叶冲泡后 1 分钟，即可开始闻香气，1.5 ~ 2 分钟香气最浓鲜，闻香每次一般为 3 ~ 5 秒，长闻有香气转淡的感觉。好的乌龙茶香

味兼有绿茶的鲜浓和红茶的甘醇，具有浅淡的花香味。而劣质的乌龙茶不仅没有香气，反而有一种青草味、烟焦味或是其他异味。

3. 看汤色

冲泡乌龙茶之后我们可以看出，上品乌龙茶的汤色呈现金黄或橙黄色，且汤汁清澈明亮，特别好看；而劣质的乌龙茶冲泡之后，其汤色往往都是浑浊的，且汤色泛青、红暗。

4. 品滋味

上品乌龙茶品尝一口之后，顿时觉得茶汤醇厚鲜爽，味道甘美灵活；而劣质乌龙茶冲泡之后，茶汤不仅味道淡薄，甚至还伴有苦涩的味道，令人难以下咽。

说到乌龙茶，不得不说一说乌龙茶中的名品——武夷大红袍。大红袍有三个等级，即特级、一级、二级。三种级别的大红袍有着各自不同的特点，分别如下所述：

特级大红袍：外形上条索匀整、洁净、带宝色或油润，香气浓长清远，滋味岩韵明显、味道醇厚甘爽，汤色清澈、艳丽、呈深橙黄色，叶底软亮匀齐、红边或带朱砂色，且杯底留有香气。

一级大红袍：外形上也会呈现出紧结、壮实、稍扭曲的特点，叶片色泽稍带宝色或油润，整体较为匀整。香气浓长清远，滋味岩韵明显，味道醇厚，回甘快。

二级大红袍：无论在外形、色泽、香气等方面都远不如前两者。但味道品尝起来，却仍带有岩韵，滋味也比较醇厚，回甘快。

花茶的甄别

自古以来，茶人就提到"茶饮花香，以益茶味"的说法，由此看来，饮花茶不仅可以起到解渴享受的作用，更带给人一种两全其美、沁人心脾的美感。

我们选购花茶时，可以从以下四方面入手：

1. 外形

品质好的花茶，其条索往往是紧细圆直的；如果花茶的条索粗松扭曲，其品质往往较差。并且，好茶中并无花片、梗柄和碎末等，而次茶中常含有这些杂质。

2. 颜色

好花茶色泽均匀，以有光亮的为佳；反之，如果色泽暗沉，往往品质较差，或者是陈茶。

3. 重量

在购买花茶时，我们可以抓起一把茶叶，在手中掂掂重量。品质较好的花茶较重，较沉；而那些重量较轻的，较虚浮的则是次品。

4. 味道

由于花茶极易吸附周围的异味，因此，我们可以按照这一特点甄别茶叶好坏。抓一把花茶深嗅一下，辨别花香是否纯正，其中是否含有异味。品质较高的花茶茶香扑鼻，香气浓郁；而那些香气不浓或是其中夹杂异味的茶叶往往都是次品。

　　花茶也划分了五个等级：一级的花茶条索紧细圆直匀整，有锋苗和白毫，略有嫩茎，色泽绿润，香气鲜灵浓厚清雅；二级花茶条索圆紧均匀，稍有锋苗和白毫，有嫩茎，色泽绿润，香气清雅；三级花茶条索较圆紧，略有筋梗，色泽绿匀，香气纯正；四级花茶条索尚紧，稍露筋梗，色泽尚绿匀，香气纯正；五级花茶条索粗松有梗，色泽露黄，香气稍粗。这些特点可以让我们在购买花茶时不易选购次品。

优质花茶碧潭飘雪的干茶及茶汤

茶的一般冲泡流程

初识最佳出茶点

　　出茶点是指注水泡茶之后，茶叶在壶中受水冲泡，经过一段时间之后，我们开始将茶水倒出来的那一刹那，在这一瞬间倒出来的茶汤品质最佳。

　　常泡茶的人也许会发现，在茶叶量、水质水温、冲泡手法等方面完全相同的情况下，自己每次泡的茶味道也并不是完全相同，有

寻找最佳出茶点

时会感觉特别好，而有时则相对一般。这正是由于每次的出茶点不同，也许有时离这个最佳的点特别近，有时偏差较大导致的。

其实，最佳出茶点只是一种感觉罢了。这就像是形容一件东西、一个人一样，说他哪里最好、哪里最美，每个人的感觉都是不同的，最佳出茶点也是如此。它只是一个模糊的时间段，在这短短的时间段中，如果我们提起茶壶倒茶，那么得到的茶水自然是味道最好的，而一旦错过，味道也会略微逊些。

既然无法做到完全准确地找到最佳出茶点，那么我们只要接近它就好了。我们会偶然间"碰到"这个出茶点，但多数时候，如果技术不佳，感悟能力还未提升到一定层次时，寻找起来仍比较困难。所以万事万物都需要尝试，只要我们常泡茶、常品茶，在品鉴其他人泡好的茶时多感受一些，相信自己的泡茶技巧也会不断提升。

当我们的泡茶、鉴茶、品茶的水平达到一定层次时，这样再用相同的手法泡茶，又会达到一个全新的高度。久而久之，我们自然会离"最佳出茶点"更近，泡出的茶味道也自然会达到最好。

投茶与洗茶

投茶也称为置茶，是泡茶程序之一，即将称好的一定数量的干茶置入茶杯或茶壶，以备冲泡。投茶的关键是茶叶用量，这也是泡茶技术的第一要素。

由于茶类及饮茶习惯，个人爱好各不相同，每个人需要的茶叶都略有些不同，我们不可能对每个人都按照统一标准去做。但一般而言，标准置茶量是 1 克茶叶搭配 50 毫升的水。现代评茶师品茶按照 3 克茶叶搭配 150 毫升水这一标准来判断茶叶的口感。当然，如果有人喜欢喝浓茶或淡茶，也可以适当增加或减少茶叶量。

因此，泡茶的朋友需要借助这两样工具：精确到克的小天平或小电子秤和带刻度的量水容器。有人可能会觉得量茶很麻烦，其实不然，只有茶叶量标准，泡出的茶才会不浓不淡，适合人们饮用。

有的时候，我们选用的茶叶不是散茶，而是像砖茶、茶饼一类的紧压茶，这个时候就需要采取一定的方法处理。我们可以把紧压茶或是茶饼、茶砖拆散成叶片状，除去其中的茶粉、茶屑。还有另一种方法，就是不拆散茶叶，将它们直接投入到茶具中冲泡。两种方法各有其利弊，前者的优势为主动性程度高，弊端是损耗较大；后者的优势是茶叶完整性高，但弊端是无法清除里面夹杂的茶粉与茶屑，这往往需要大家视情况而定。

接下来要做的就是将茶叶放到茶具中。如果所用的茶具为盖杯，那么可以直接用茶则来置茶；如果使用茶壶泡茶，就需要用茶漏置茶，接着用手轻轻拍一拍茶壶，使里面的茶叶摆放得平整。

投茶

人们在品茶的时候有时会发现，茶汤的口感有些苦涩，这也许与茶中的茶粉和茶屑有关。那么在投茶的时候，我们就需要将这些杂质排除在外，将茶叶筛选干净，避免带入这些杂质。

当茶叶放入茶具中之后，下一步要做的就是洗茶了。洗茶是一个笼统说法。好茶相对比较干净，要洗的话，也只是洗去一些黏附在茶叶表面的浮尘、杂质，再就是通过洗茶把茶粉、茶屑进一步去除。

注水洗茶之后，干茶叶由于受水开始舒张变软，展开成叶片状，茶叶中的茶元素物质也开始析出。另外，沸水蕴含着巨大的热能注入茶器，茶叶与开水的接触越均匀充分，其展开过程的质量就越高。因此，洗茶这一步骤做得如何，将直接影响到第一道茶汤的质量。

我们在洗茶时应该注意以下几点：

（1）洗茶注水时要尽量避免直冲茶叶，因为好茶都比较细嫩，直接用沸水冲泡会使茶叶受损，导致茶叶中含有的元素析出，质量下降。

（2）水要尽量高冲，因为冲水时，势能会形成巨大的冲力，茶

洗茶

器里才能形成强大的旋转水流，把茶叶带动起来，随着水平面上升。这一阶段，茶叶中所含的浮尘、杂质、茶粉、茶屑等物质都会浮起来，这样用壶盖就可以轻而易举地刮走这些物质。

（3）洗茶的次数根据茶性决定。茶叶的茶性越活泼，洗茶需要的时间就越短。例如龙井、碧螺春这样的嫩叶绿茶，几乎是不需要洗茶的，因为它们的叶片从跟开水接触的那一刻起，其中所含的茶元素等物质就开始快速析出。而陈年的普洱茶，洗茶一次可能还不够，需要再洗一次，它才慢吞吞地析出茶元素物质。总之，根据茶性不同，我们可以考虑是否洗茶或多加一次洗茶过程。

第一次冲泡

投茶洗茶之后，我们就可以开始进入第一次冲泡了。

冲泡之前别忘了提前把水煮好，至于温度需要根据所泡茶的品质决定。洗过茶之后，要在注水前将壶中的残余茶水滴干，这样做对接下来的泡茶极其重要。因为这最后几滴水中往往含有许多苦涩的物质，如果留在壶中，会把这种苦涩的味道带到茶汤中，从而影响茶汤的品质。

接下来，将适量的水注入壶中，接着盖好壶盖，静静地等待茶叶舒展，使茶元素慢慢析出来，释放到水中。这个过程需要我们保持耐心，在等待的过程中，注意一定不要去搅动茶水，应该让茶元素均匀平稳地析出。这个时候我们可以凝神静气，或是与客人闲聊几句，以打发等候的时间。

一般而言，茶的滋味是随着冲泡时间延长而逐渐增浓的。据测定，用沸水冲泡陈茶首先浸出来的是维生素、氨基酸、咖啡因等，大约到 3 分钟时，茶叶中浸出的物质浓度才最佳。因此，对于那些茶元素析出较慢的茶叶来说，第一次冲泡需要在 3 分钟左右时饮用为好。因为在这段时间，茶汤品饮起来具有鲜爽醇和之感。也有些茶叶例外，例如冲泡乌龙茶，人们在品饮的时候通常用小型的紫砂壶，用茶量也较大，因此，第一次冲泡的时间在 1 分钟左右就好，

第一次冲泡步骤

这时的滋味算得上最佳。

对于有些初学者来说，在冲泡时间的把握上并不十分精准，这个时候最好借助手表来看时间。虽然看时间泡茶并不是个好方法，但对于入门的人来说还是相当有效的，否则时间过了，茶水就会变得苦涩；而时间不够，茶味也没有挥发出来。

以上就是茶叶的第一次冲泡过程，在这个阶段，需要我们对茶叶的舒展情况、茶汤的质量做出一个大体的评鉴，这对后几次冲泡时的水温和冲泡时间都有很大的影响。

第二次冲泡

    在第二次冲泡之前，需要我们对前一次的茶叶形态、水温等方面做出判断，这样才会在第二次冲泡掌握好时间。

    回味茶香是必要的，因为有大量信息都蕴藏在香气中。如果茶叶采摘的时间是恰当的，茶叶的加工过程没有问题，茶叶在制成后保存得当，那冲泡出来的茶香必定清新活泼，有植物本身的气息，有加工过程的气息，但没有杂味，没有异味。如果我们闻到的茶香

第二次冲泡步骤

散发出来的是扑鼻而来的香气，那么就说明这种茶中茶元素的物质活性高，析出速度快，因此在第二次冲泡的时候，就不要过分地激发其活性，否则会导致茶汤品质下降；如果茶香味很淡，是一点点散发出来的香气，那么我们就需要在第二次冲泡过程中注意充分激发它的活性，使它的气味以及特色能够充分散发出来。

回味完茶香之后，我们需要检查泡茶用水。观察水温是十分必要的，在每次冲泡之前都需要这样做。如果第二次冲泡与前一次之间的时间间隔很短，那么就不要再给水加温了，这样做可以保持水的活性，也可以使茶叶中的茶元素尽快地析出。需要注意的是，泡茶用水不适宜反复加热，否则会降低水中的含氧量。

当我们对第一次冲泡之后的茶水做出综合评判之后，就可以分析第二次冲泡茶叶的时间以及手法了。由于第一次冲泡时，茶叶的叶片已经舒展开，所以第二次冲泡就不需要冲泡太长时间，大致上与第一次冲泡时间相当即可，或是稍短些也无妨；如果第一次冲泡之后茶叶还处于半展开状态，那么第二次冲泡的时间应该比前一次略长一些。

第三次冲泡

我们在第三次冲泡之前同样需要回忆一下第二次冲泡时的各种情况，例如水温高低、茶香是否挥发出来，综合分析之后才能将第三次冲泡时的各项因素把控好。

在经过前两次冲泡之后，茶叶的活性已经被激发出来。经过第二次冲泡，叶片完全展开，进入全面活跃的状态。此时，茶叶从沉睡中被唤醒，在进入第三次冲泡的时候渐入佳境。

第三次冲泡步骤

冲泡之前我们还是需要掌握好水温。注意与前一次冲泡的时间间隔，如果间隔较长，此时的水温一定会降低许多，这时就需要再加热，否则会影响冲泡的效果；如果两次间隔较短，就可以直接冲泡了。

此时茶具中的茶叶处于完全舒展的状态，经过前两次冲泡，茶叶中的茶元素析出物减少了许多。按照析出时间的先后顺序，可以将析出物分为速溶性析出物和缓溶性析出物两类。顾名思义，速溶性析出物释放速度较快，最大析出量发生在茶叶半展开状态到完全展开状态的这个区间内；而缓溶性析出物大概发生在茶叶展开状态之后，且需要通过适当时间的冲泡才能慢慢析出。

由几次冲泡时间来看，速溶性析出物大概在第一、二次冲泡时析出；而缓溶性析出物大概在第三次冲泡开始析出。因此，前两次冲泡的时间一定不能太长，否则会导致速溶性析出物析出过量，茶汤变得苦涩，而缓溶性析出物的质量也不会很高。

至于第三次冲泡的时间则因情况而定，完全取决于前两次冲泡后茶叶的舒展情况以及茶叶本身的特点。比第二次冲泡时间略长、略短或与其持平，我们可以依照实际情况判断。

茶的冲泡次数

我们经常看到这样两种喝茶的人：有的投一点儿茶叶之后，反复冲泡，一壶茶可以喝一天；有的只喝一次就倒掉，过会儿再喝时，还要重新洗茶泡茶。虽然不能说他们的做法一定是错误的，但茶的冲泡次数确实有些讲究，要因茶而异。

据研究显示，茶叶中各种有效成分的析出率是不同的。一壶茶冲泡之后，最容易析出的是氨基酸和维生素 C，在第一次冲泡时就可以析出；其次是咖啡因、茶多酚和可溶性糖等。也就是说，冲泡前两次的时候，这些容易析出的物质已经融入茶汤之中了。

以绿茶为例，第一次冲泡时，茶中的可溶性物质能析出 50％

优质绿茶六安瓜片三次冲泡的茶汤
（由下至上分别为 1 ~ 3 泡的茶汤）

左右；冲泡第二次时能析出30％左右；冲泡第三次时，能析出约10％。由此看来，冲泡次数越多，其可溶性物质的析出率就越低。相信许多人一定有所体会，冲泡绿茶太多次数之后，其茶汤的味道与白开水相差不多了。

通常，名优绿茶只能冲泡2～3次，因为其芽叶比较细嫩，冲泡次数太多会影响茶汤品质；红茶中的袋泡红碎茶，冲泡1次就可以了；白茶和黄茶一般只能冲泡2～3次；大宗红、绿茶可连续冲泡5～6次；乌龙茶可连续冲泡5～9次，所以才有"七泡有余香"之美誉；陈年的普洱茶，有的能泡到20多次，因为其中所含的析出物释放速度非常慢。

除了冲泡的次数之外，冲泡时间的长短，对茶叶内所含的有效成分的利用也有很大的关系。任何品种的茶叶都不宜冲泡过久，最好是即泡即饮，否则有益成分被氧化，不但降低营养价值，还会泡出有害物质。此外，茶也不宜太浓，浓茶有损胃气。

不可不知的茶礼仪

泡茶的礼仪

泡茶的礼仪可分为泡茶前的礼仪、泡茶时的礼仪。

1. 泡茶前的礼仪

泡茶前的礼仪主要是指泡茶前的准备工作，包括茶艺师的形象以及茶器的准备。

＊茶艺师的形象

茶艺表演中，人们较多关注的都是茶艺师的双手。因此，在泡茶开始前，茶艺师一定要将双手清洗干净，不能让手带有香皂味，更不可有其他

女性茶艺师的站姿、坐姿演示图

异味。洗过手之后不要碰触其他物品，也不要摸脸，以免沾上化妆品的味道，影响茶的味道。另外，指甲不可过长，更不可涂抹指甲油，否则会给客人带来脏兮兮的感觉。

除了双手，茶艺师还要注意自己的头发、妆容和服饰。茶艺师如

果是长头发，一定要将其盘起，切勿散落到面前，造成邋遢的样子；如果是短头发，则一定要梳理干净，不能让其挡住视线。因为如果头发碰到了茶具或落到桌面上，会使客人觉得很不卫生。在整个泡茶的过程中，茶艺师也不可用手去拨弄头发，否则会破坏整个泡茶流程的严谨性。

茶艺师的妆容也有些讲究。一般来说，茶艺师尽量不画妆或画淡妆，切忌浓妆艳抹和使用香水影响茶艺表演清幽雅致的特点。

茶艺师的着装不可太过鲜艳，袖口也不能太大，以免碰触到茶具。不宜佩戴太多首饰，例如手表、手链等，不过可以佩戴一个手镯，这样能为茶艺表演带来一些韵味。总体来说，茶艺师的着装应该以简约优雅为准则，与整个环境相称。

除此之外，茶艺师的心性在整个泡茶前的礼仪中也占据着重要比重。心性是对茶艺师的内在要求，需要其做到神情、心性与技艺相统一，让客人能够感受到整个茶艺表演的清新自如、祥和温馨的气氛，这也是对茶艺师最大的要求。

＊茶器的准备

泡茶之前，要选择干净的泡茶器具。干净茶器的标准是，杯子

茶器的准备

里不可以有茶垢，必须是干净透明的，也不可有杂质、指纹等异物黏在杯子表面。

2. 泡茶时的礼仪

泡茶时的礼仪包括取茶礼仪和装茶礼仪。

＊开闭茶样罐礼仪

茶样罐大概有两种，套盖式和压盖式，两种开闭方法略有不同，具体方法如下：

套盖式茶样罐。两手捧住茶样罐，用两手的大拇指向上推

开闭套盖式茶样罐

外层铁盖，边推边转动罐身，使各部位受力均匀，这样很容易打开。当它松动之后，用右手大拇指与食指、中指捏住外盖外壁，转动手腕取下后按抛物线轨迹放到茶盘右侧后方角落，取完茶之后仍然以抛物线的轨迹取盖扣，用两手食指向下用力压紧盖好后，再将茶样罐放好。

压盖式茶样罐。两手捧住茶样罐，右手的大拇指、食指和中指捏住盖钮，向上提起，沿抛物线的轨迹将其放到茶盘右侧后方角落，取完茶之后按照前面的方法再盖回放下。

＊取茶礼仪

取茶时常用的茶器具是茶荷和茶则，有三种取茶方法。

（1）茶则茶荷取茶法。这种方法一般用于名优绿茶冲泡时取样，取茶的过程是：左手横握住已经开启的茶罐，使其开口向右，移至茶荷上方。接着用右手大拇指、食指和中指捏茶则，将其伸进茶叶罐中，将茶叶取出放进茶荷内。放下茶叶罐盖好，再用左手托起茶荷，右手拿起茶则，将茶荷中的茶叶分别拨进泡茶器具中，取茶的过程也就结束了。

（2）茶荷取茶法。这一手法常用于乌龙茶的冲泡，取茶的过程是：右手托住茶荷，令茶荷口向上。左手横握住茶叶罐，放在茶荷边，手腕稍稍用力使其来回滚动，此时茶叶就会缓缓地散入茶荷之中。接着，将茶叶从茶荷中直接投入冲泡器具之中。

茶荷取茶法

茶则茶荷取茶法　　　　　　　　茶则取茶法

（3）茶则取茶法。这种方法适用于多种茶的冲泡，其过程为：左手横握住已经打开盖子的茶样罐，右手放下罐盖后弧形提臂转腕向放置茶则的茶筒边，用大拇指、食指与中指三指捏住茶则柄并取出，将茶则放入茶样罐，手腕向内旋转舀取茶样。同时，左手配合向外旋转手腕使茶叶疏松，以便轻松取出，用茶则舀出的茶叶可以直接投入冲泡器具之中。取茶完毕后，右手将茶则放回原来位置，再将茶样罐盖好放回原来位置。

取茶之后，主人在主动介绍该茶的品种特点时，还要让客人依次传递嗅赏茶叶，这个过程也是泡茶时必不可少的。

＊装茶礼仪

用茶则向泡茶器具中装茶叶的时候，也讲究方法和礼仪。一般来说，要按照茶叶的品种和饮用人数决定投放量。茶叶不宜过多，也不宜太少。茶叶过多，茶味过浓；茶叶太少，冲出的茶味就淡。假如客人主动诉说自己有喝浓茶或淡茶的习惯，那就按照客人的口味把茶冲好。这个过程中切记，茶艺师或泡茶者一定不能为了图省事就用手抓取茶叶，这样会让手上的气味影响茶叶的品质，另外也使整个泡茶过程不雅观，也失去了干净整洁的美感。

＊茶巾折合法

此类方法常用于九层式茶巾：将正方形的茶巾平铺在桌面上，将下端向上平折至茶巾的2/3处，再将剩余的1/3对折。接着，将茶巾右端向左竖折至2/3处，然后对折成正方形。最后，将折好的茶巾放入茶盘中，折口向内。

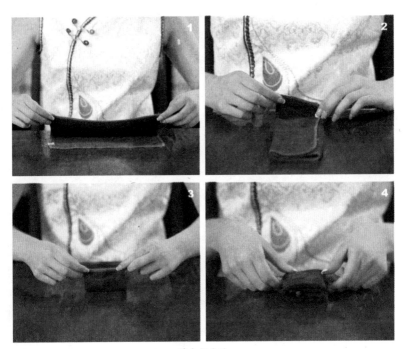

茶巾折合法

　　除了这些礼仪之外，泡茶过程中，茶艺师或泡茶者尽量不要说话。因为口气会影响到茶气，影响茶性的挥发；茶艺师闻香时，只能吸气，挪开茶叶或茶具后方可吐气。以上就是泡茶的礼仪，若我们能掌握好这些，就可以在茶艺表演中首先令客人眼前一亮，也会给接下来的表演创造良好的开端了。

奉茶的礼仪

关于奉茶，有这样一则美丽的传说：传说土地公每年都要向玉皇大帝报告人间所发生的事。一次，土地公到人间去观察凡人的生活情形，走到一个地方之后，感觉特别渴。有个当地人告诉他，前面不远处的树下有个大茶壶。土地公到了那里，果然见到树下放着一个写有"奉茶"的茶壶，他用一旁的茶杯倒了杯茶喝起来。喝完之后感叹道："我从未喝过这么好的茶，究竟是谁准备的？"走了不久，他又发现了带着"奉茶"二字的茶壶，就接二连三地用其解渴。旅行回来之后，土地公在自己的庙里也准备了带有"奉茶"字样的茶壶，以供人随时饮用。当他把这茶壶中的茶水倒给玉皇大帝喝时，玉皇大帝惊讶地说："原来人世间竟然有这么美味的茶！"

虽然这个故事缺乏真实性，但却表达了人们"奉茶"时的美好心情，试想，人们若没有待人友好善意的心情，又怎能热忱地摆放写有"奉茶"字样的大茶壶为行人解渴呢？

据史料记载，早在东晋时期，人们就用茶汤待客、用茶果宴宾等。主人将茶端到客人面前献给客人，以表示对其的尊敬之意，因而，奉茶中也有着较多的礼仪。

1. 端茶

依照我国的传统习惯，端茶时要用双手呈给客人，一来表示对客人的诚意，二来表示对客人的尊敬。现在有些人不懂这个规矩，常常用一只手把茶杯递给客人就算了事，有些人怕

端茶

茶杯太烫，直接用手指捏着茶杯边沿，这样不但不雅观，也不卫生。试想，客人看着茶杯沿上都是主人的指痕，哪还有心情喝下去呢？

另外，双手端茶也有讲究。首先，双手要保持平衡，一只手托住杯底，另一之手扶住茶杯1/2以下的部分或把手下部，切莫触碰到杯子口。但是茶杯往往很烫，我们最好使用茶托，一来能保持茶杯的平稳，二来便于客人从泡茶者手中接过杯子。在给长辈或是老人端茶时，身体一定要略微前倾，这样表示对长者的尊敬。

2. 放茶

有时我们需要直接将茶杯放在客人面前，这个时候需要注意的是，要用左手捧着茶盘底部，右手扶着茶盘边缘，接着，再用右手将茶杯从客人右方奉上。如果有茶点送上，应将其放在客人右前方，茶杯摆在点心右边。若是用红茶待客，那么杯耳和茶则的握柄要朝

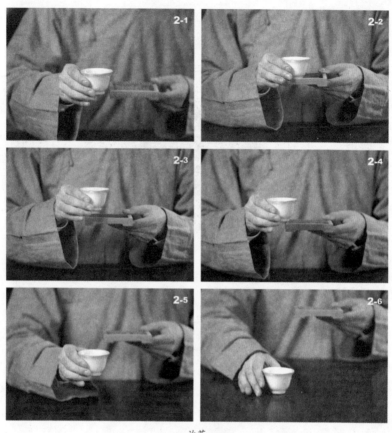

放茶

着客人的右方，将砂糖和奶精放在小碟子上或茶杯旁，以供客人酌情自取。另外，放置茶壶时，壶嘴不能正对他人，否则表示请人赶快离开。

品位生活：❯ 茶道

3.伸掌礼

伸掌礼是茶艺表演中经常使用的示意礼，多用于主人向客人敬奉各种物品时的礼节。主人用表示"请"，客人用表示"谢谢"，主客双方均可采用。

伸掌礼

伸掌礼的具体姿势为：四指并拢，虎口分开，手掌略向内凹，侧斜之掌伸于敬奉的物品旁，同时欠身点头并微笑。如果两人面对面，均伸右掌行礼对答；两人并坐时，右侧一方伸右掌行礼，左侧一方伸左掌行礼。

除了以上几种奉茶的礼仪之外，我们还需要注意：茶水不可斟满，以七分为宜；水温不宜太烫，以免把客人烫伤；若有两位以上的客人，奉上的茶汤一定要均匀，最好使用公道杯。

品茶中的礼仪

品茶不仅仅是品尝茶汤的味道，一般包括审茶、观茶、品茶三道程序。待分辨出茶品质的好坏、水温是否适宜、茶叶的形态之后，才开始真正品茶。品茶时包含多种礼仪，使用不同茶器时礼仪有所差别。

1. 用玻璃杯品茶的礼仪

一般来说，高级绿茶或花草茶往往使用玻璃杯冲泡。而用玻璃杯品茶的方法是：用右手握住玻璃杯，左手托着杯底，分三次将茶水细细品啜。如果饮用的是花草茶，可以用小勺轻轻搅动茶水，直至其变色。具体方法是：把杯子放在桌上，一只手轻轻扶着杯子，另一手大拇指

用玻璃杯品茶的礼仪

和食指轻捏勺柄，按顺时针方向慢慢搅动。这个过程中需要注意的是，不要来回搅动，这样的动作不雅观。当搅动几圈之后，茶汤的香味就会溢出来，其色泽也发生改变，变得透明晶莹，且带有浅淡的花果颜色。品饮的时候，要把小勺取出，不要放在茶杯中，也不要边搅动边喝，这样会显得没礼貌。

2. 用盖碗品茶的礼仪

用盖碗品茶的标准姿势是：拿盖的手用大拇指和中指持盖顶，接着将盖略微倾斜，用靠近自己这面的盖边沿轻刮茶水水面，其目的在于将碗中的茶叶拨到一边，以防喝到茶叶。接着，拿杯子的手慢慢抬起，如果茶水很烫，此时可以轻轻吹一吹，但切不可发出声音。

用盖碗品茶的礼仪

3. 用瓷杯品茶的礼仪

人们一般用瓷杯冲泡红茶。无论自己喝茶还是与其他人一同饮茶，都需要注意男女握杯的差别：品茶时，如果是男士，拿着瓷杯的手要尽量收拢；而女士可以把右手食指与小指弯曲呈兰花指状，左手指尖托住杯底，这样显得迷人而又优雅。总体说来，握杯的时候右手大拇指、中指握住杯两侧，无名指抵住杯底，食指及小指自然弯曲。

用瓷杯品茶的礼仪

倒茶的礼仪

茶叶冲泡好之后，需要泡茶者为宾客倒茶。倒茶的礼仪包括以下两个方面，既适用于客户来公司拜访，也适用于商务餐桌。

1.倒茶顺序

有时，我们会宴请几位友人或是出席一些茶宴，这时就涉及倒茶顺序的问题。一般来说，如果客人不止一位，那么首先要从年长者或女士开始倒茶。如果对方有职称的差别，那么应该先为领导倒茶，接着再给年长者或女士倒茶。如果在场的几位宾客中，有一位是自己领导，那么应该以宾客优先，最后才给自己的领导倒茶。

简而言之，倒茶的时候，如果分宾主，那么要先给宾客倒，然后才是主人；宾客如果多人，则根据他们的年龄、职位、性别不同来倒茶，年龄按先老后幼，职位则从高到低，性别是女士优先。

这个顺序切不可打乱，否则会让宾客觉得倒茶者太失礼了。

2.续茶

品茶一段时间之后，客人杯子中的茶水可能已经饮下大半，这时我们需要为客人续茶。续茶的顺序与上面相同，也是要先给宾客添加，接着是自己领导，最后再给自己添加。续茶的方法是：用大拇指、食指和中指握住杯把，从桌上端起茶杯，侧过身去，将茶水注入杯中，这样能显得倒茶者举止文雅。另外，给客人续茶时，不要等客人喝到杯子快见底了再添加，而要勤斟少加。

如果在茶馆中，我们可以示意服务人员过来添茶，还可以让他们把茶壶留下，由我们自己添加。一般来说，如果气氛出现了尴尬的时候，或完全找不到谈论焦点时，也可以通过续茶这一方法掩饰一下，拖延时间以寻找话题。

另外，宾客中如果有外国人，他们往往喜欢在红茶中加糖，那么倒茶之前最好先询问一下对方是否需要加糖。

习茶的基本礼仪

习茶的基本礼仪包括站姿、坐姿、跪姿、行走和行礼等多方面内容，这些都是需要茶艺师或泡茶者必须掌握的动作，也是茶艺中标准的礼仪之一。

1. 站姿

站立的姿势算得上是茶艺表演中仪表美的基础。有时茶艺师因要多次离席，让客人观看茶样，并为宾客奉茶、奉点心等，时站时坐不太方便，或者桌子较高，下坐不方便，往往采用站立表演。因此，站姿对于茶艺表演来说十分重要。

站姿的动作要求是：双脚并拢身体挺直，双肩放松；头正下颌微收，双眼平视。女性右手在上，双手虎口交握，置于身前；男性双脚微呈外八字分开，左手在上，双手虎口交握置于小腹部。

站姿既要符合表演身份的最佳站立姿势，也要注意茶艺师面部的表情，用真诚、美好的目光与观众亲切地交流。另外，挺拔的站姿会将一种优美高雅、庄重大方、积极向上的美好印象传达给大家。

2. 坐姿

坐姿是指屈腿端坐的姿态，在茶艺表演中代表一种静态之美。它的具体姿势为：茶艺师端坐椅子中央，双腿并拢；上身挺直，双肩放松；头正下颌微敛，舌尖抵下颚；眼可平视或略垂视，面部表情自然；男性双手分开如肩宽，半握拳轻搭前方桌沿；女性右手在上，双手虎口交握，置放胸前或面前桌沿。

另外，茶艺师或泡茶者身体要坐正，腰杆要挺直，以保持美丽、优雅的姿势。两臂与肩膀不要因为持壶、倒茶、冲水而不自觉地抬得太高，甚至身体都歪到一边。全身放松，调匀呼吸，集中注意力。

如果大家作为宾客坐在沙发上，切不可怎么舒适怎么坐，也是要讲求礼仪的。如果是男性，可以双手搭于扶手上，两腿可架成二郎腿但双脚必须下垂且不可抖动；如果是女性，则可以正坐，或双腿并拢偏向一侧斜坐，脚踝可以交叉，时间久了可以换一侧，双手在前方交握并轻搭在腿根上。

女性茶艺师的站姿

女性习茶（坐姿）

3.跪姿

跪姿是指双膝触地，臀部坐于小腿的姿态，它分为三种姿势。

*跪坐

也就是日本茶道中的"正坐"。这个姿势为：放松双肩，挺直腰背，头端正，下颌略微收敛，舌尖抵上颚；两腿并拢，双膝跪在坐垫上，双脚的脚背相搭着地，臀部坐在双脚上；双手搭放于大腿上，女性右手在上，男性左手在上。

*单腿跪蹲

单腿跪蹲的姿势常用于奉茶。具体动作为：左腿膝盖与着地的左脚呈直角相屈，右腿膝盖与右足尖同时点地，其余姿势同跪坐一样。另外，如果桌面较高，可以转换为单腿半蹲式，即左脚前跨一步，膝盖稍稍弯曲，右腿的膝盖顶在左腿小腿肚上。

*盘腿坐

盘腿坐只适合男士，动作为：双腿向内屈伸盘起，双手分搭在两腿膝盖处，其他姿势同跪姿一样。

一般来说，跪姿主要出现在日本和韩国的茶艺表演中。

4.行走

行走是茶艺表演中的一种动态美，其基本要求为：以站姿为基础，在行走的过程中双肩放松，目光平视，下颌微微收敛。男性可以双臂下垂，放在身体两侧，随走动步伐自然摆动，女性可以双手同站姿时一样交握在身前行走。

眼神、表情以及身体各个部位有效配合，不要随意扭动上身，尽量沿着一条直线行走，这样才能走出茶艺师的风情与优雅。

走路的速度与幅度在行走中都有严格的要求。一般来说，行走时要保持一定的步速，不宜过急，否则会给人急躁、不稳重的感觉；步幅以每步前后脚之间距离30厘米为宜，不宜过大也不宜过小，这样才会显得步履款款，走姿轻盈。

行走

5. 行礼

行礼主要表现为鞠躬，可分为站式、坐式和跪式三种。

站立式鞠躬与坐式鞠躬比较常用，其动作要领是：两手平贴小腹部，上半身平直弯腰，弯腰时吐气，直身时吸气，弯腰到位后略作停顿，再慢慢直起上身；行礼的速度宜与他人保持一致，以免出现不谐调感。

行礼根据其对象，可分为"真礼""行礼"与"草礼"三种。"真礼"用于主客之间，"行礼"用于客人之间，而"草礼"用于说话前后。"真礼"时，要求茶艺师或泡茶者上半身与地面呈90°角，而"行礼"与"草礼"弯腰程度可以较低。

除了这几种习茶的礼仪，茶艺师还要做到一个"静"字，尽量用微笑、眼神、手势、姿势等示意，不主张用太多语言客套，还要求茶艺师调息静气，达到稳重的目的。一个小小的动作，轻柔而又表达清晰，使宾客不会觉得有任何压力。

习茶的过程不主张繁文缛节，但是每个关乎礼仪的动作都应该

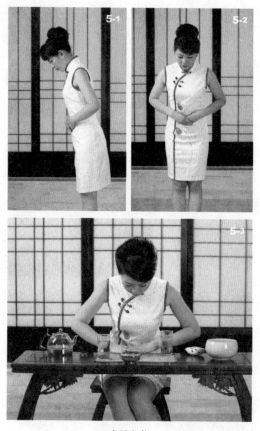

女性行礼

始终贯穿其中。总体来说，不用动作幅度很大的礼仪动作，而采用含蓄、温文尔雅、谦逊、诚挚的礼仪动作，这也可以表现出茶艺中含蓄内敛的特质，既美观又令宾客觉得温馨。

提壶、握杯与翻杯手法

泡茶者在泡茶的时候可以有不同的姿势，并非只按照一种手法进行泡茶。提壶、握杯与翻杯都有几种不同的手法，我们可以根据个人的喜好以及不同器具转换。

1. 提壶手法

*侧提壶

侧提壶可根据壶型大小决定不同提法。大型壶需要用右手食指、中指勾住壶把，大拇指与食指相搭。同时，左手食指、中指按住壶钮或盖，双手同时用力提壶；中型壶需要用右手食指、中指勾住壶把，大拇指按住壶盖一侧提壶；小型壶需要用右手拇指与中指勾住壶把，无名指与小指并列抵住中指，食指前伸呈弓形压住壶盖的盖钮或其基部，提壶。

侧提壶

*提梁壶

提梁壶的提壶方法为：右手除中指外的四指握住提梁，中指抵住壶盖提壶。如

提梁壶

无把壶

果提梁较高，无法抵住壶盖，这时可以五指一同握住提梁右侧。

若提梁壶为大型壶，则需要用右手握提梁把，左手食指、中指按在壶的盖钮上，使用双手提壶。

＊无把壶

无把壶的提壶方法为：右手虎口分开，平稳地握住茶壶口两侧外壁，也可以用食指抵在盖钮上，将壶提起。

2. 握杯手法

＊有柄杯

有柄杯的握杯手法为：右手的食指、中指勾住杯柄，大拇指与食指相搭。如果女士持杯，需要用左手指尖轻托杯底。

＊无柄杯

无柄杯的握杯手法为：右手虎口分开握住茶杯。如果是女士，需要用左手指尖轻托杯底。

＊品茗杯

品茗杯的握杯手法为：右手虎口分开，用大拇指、食指握杯两侧，中指抵住杯子底部，无名指及小指自然弯曲。这种握杯的手法也称为"三龙护鼎法"。

＊闻香杯

闻香杯的握杯手法为：两手掌心相对虚拢做双手合十状，将闻香杯捧在两手间。也可右手虎口分开，手指虚拢成握空心拳状，将闻香杯直握于拳心。

＊盖碗

拿盖碗的手法：右手虎口分开，大拇指与中指扣在杯身中间两侧，食指屈伸按在盖钮下凹处，无名指及小指自然搭在碗壁上。

有柄杯　　　　　　　　　无柄杯

品茗杯　　　　　　闻香杯　　　　　　盖碗

3.翻杯手法

翻杯也讲究方法，主要分为翻有柄杯和无柄杯两种。

＊有柄杯

有柄杯的翻杯手法为：右手的虎口向下、反过手来，食指深入杯柄环中，再用大拇指与食指、中指捏住杯柄。左手的手背朝上，

有柄杯翻杯法

用大拇指、食指与中指轻扶茶杯右侧下部，双手同时向内转动手腕，茶杯翻好之后，将它轻轻地放在杯托或茶盘上。

＊无柄杯

无柄杯的翻杯手法为：右手的虎口向下，反手握住面前茶杯的左侧下部，左手置于右手手腕下方，用大拇指和虎口部位轻托在茶杯的右侧下部。双手同时翻杯，再将其轻轻放下。

需要注意的是，有时所用的茶杯很小，例如冲泡乌龙茶中的饮茶杯，可以用单手动作左右手同时翻杯。方法是：手心向下，用拇指与食指、中指三指扣住茶杯外壁，向内动手腕，轻轻将翻好的茶

品位生活：> 茶道

杯置于茶盘上。

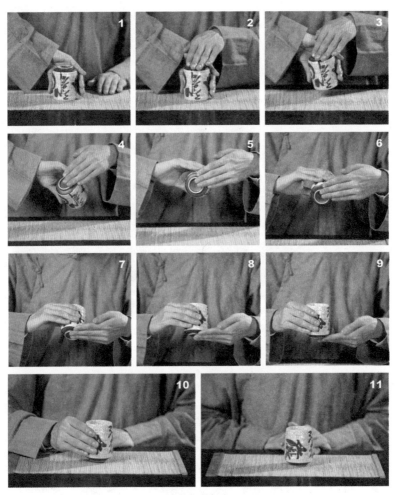

无柄杯翻杯法

温具手法

在冲泡茶的过程中，温壶温杯的步骤是必不可少的，我们在这里详细介绍一下。

1. 温壶法

（1）开盖。右手大拇指、食指与中指按在壶盖的壶钮上，揭开壶盖，提手腕以半圆形轨迹把壶盖放到茶盘中。

（2）注汤。右手提开水壶，按逆时针方向加回转手腕一圈低斟，使水流沿着茶壶口冲进，再提起手腕，让开水壶中的水从高处冲入茶壶中。等注水量为茶壶总容量的 1/2 时再低斟，回转手腕一圈并用力令壶流上翻，使开水壶及时断水，最后轻轻放回原处。

（3）加盖。用右手把开盖顺序颠倒即可。

（4）荡壶。右手拇指、食指捏住壶柄，左手指尖托住壶底，双手

开盖   注汤   加盖

品位生活：**茶道**

荡壶   倒水

按逆时针方向转动，手腕如滚球的动作，使茶壶的各部分都能充分接触开水，消除壶身上的冷气。

（5）倒水。根据茶壶的样式以正确手法提壶将水倒进废水盂中。

2. 温杯法

温杯需要根据茶杯大小来决定手法，一般分为大茶杯和小茶杯两种。

＊大茶杯

右手提着开水壶，按逆时针转动手腕，使水流沿着茶杯内壁冲入，大概冲入茶杯1/4左右时断水。将茶杯逐个注满水之后将开水壶放回原处。接着，右手握住茶杯下部，左手托杯底，右手手腕按逆时针转动，双手一齐动作，使茶杯各部分与开水充分接触，涤荡之后将里面的开水倒入废水盂中。

注水 1/4 杯

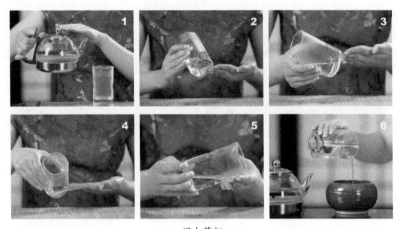

温大茶杯

＊小茶杯

首先将茶杯相连，排成"一"字形或半圆形，右手提壶，用往

温小茶杯

返斟水法或循环斟水法向各个茶杯内注满开水，茶杯的内外都要用开水烫到，再将水壶放回原处。接着，用茶夹夹住一只茶杯，手腕旋转使杯内的水接触到杯壁的每个地方，之后将水倒在茶壶上，依次温烫好每个杯子。

3.温盖碗法

温盖碗的方法可分斟水、翻盖、烫碗、倒水等几个步骤，详细手法如下所述：

＊斟水

将盖碗的碗盖反放，使其与碗的内壁留有一个小缝隙。手提开水壶，按逆时针方向向盖内注入开水，等开水顺小隙流入碗内约 1/3 容量后，右手提起手腕断水，开水壶放回原处。

＊翻盖

左手如握笔状取渣匙伸入缝隙中，右手手背向外护在盖碗外侧，掌沿轻靠碗沿。左手用渣匙由内向外拨动碗盖，右手大拇指、食指与中指迅速将翻起的碗盖盖在碗上。这一动作讲究左右手协调，搭配得越熟练越好。

斟水

翻盖

＊烫碗

右手虎口分开，用大拇指与中指搭在碗身的中间部位，食指抵在碗盖盖钮上的凹处，同时左手托住碗底，端起盖碗，右手手腕呈逆时针运动，双手协调令盖碗内各部位充分接触到热水，最后将其放回茶盘。

＊倒水

右手提起碗盖的盖钮，将碗盖靠右侧斜盖，距离盖碗左侧有一小空隙。按照前面方法端起盖碗，将其平移到废水盂上方，向左侧翻手腕，将碗中的水从盖碗左侧小缝隙中流进废水盂。

值得注意的是，温洗的时候不要让手碰触杯沿，这样会给人不正规、不干净的感觉。

烫碗

倒水

常见的四种冲泡手法

冲泡茶的时候,需要有标准的姿势,总体说来应该做到:头正身直,目光平视,双肩齐平、抬臂沉肘。如果用右手冲泡,那么左手应半握拳自然放在桌上。以下是常见的四种冲泡手法:

1. 单手回转冲泡法

右手提开水壶,手腕按逆时针回转,让水流沿着茶壶或茶杯口

单手回转冲泡法

内壁冲入茶壶或茶杯中。

2. 双手回转冲泡法

　　如果开水壶比较沉，那么可以用这种方法冲泡。双手取过茶巾，
将其放在左手手指部位，右手
提起水壶，左手托着茶巾放在
壶底。右手手腕按逆时针方向
回转，让水流沿着茶壶口或茶
杯口内壁冲入茶壶或茶杯中。

双手回转冲泡法

3. 回转高冲低斟法

　　此方法一般用来冲泡乌龙茶。
详细手法为：先用单手回转法，用
右手将开水壶提起，向茶具中注水，

品位生活： **茶道**

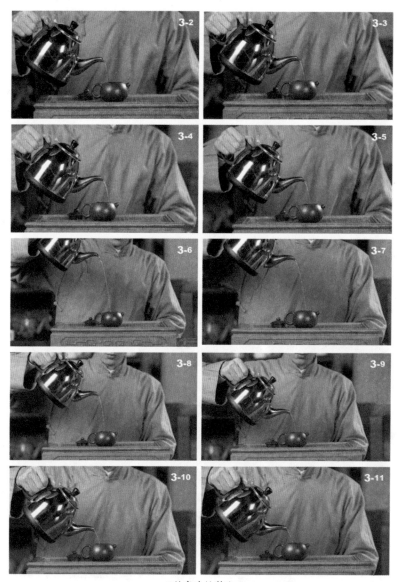

回转高冲低斟法

使水流先从茶壶肩开始，按逆时针绕圈至壶口、壶心，再提高水壶，使水流在茶壶中心处持续注入，直到里面的水大概到七分满的时候压腕低斟，动作与单手回转手法相同。

4.凤凰三点头冲泡法

"凤凰三点头"是茶艺茶道中的一种传统礼仪，这种冲泡手法表达了对客人的敬意，同时也表达了对茶的敬意。

详细的冲泡手法为：手提水壶，进行高冲低斟反复三次，让茶叶在水中翻动，寓意为向来宾鞠躬三次以表示欢迎。反复三次之后，恰好注入所需水量，接着提腕断流收水。

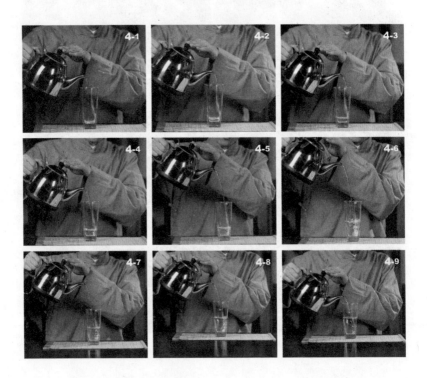

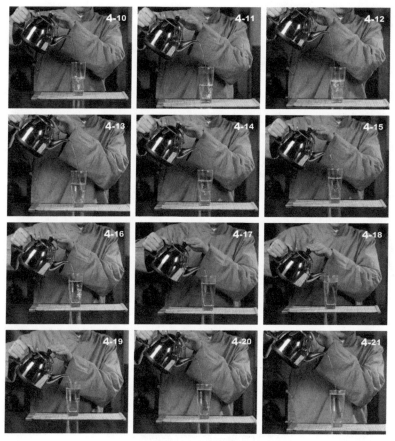

凤凰三点头冲泡法

凤凰三点头最重要的技巧在于手腕，不仅需要柔软，且要有控制力，使水声呈现"三响三轻"，同响同轻；水线呈现"三粗三细"，同粗同细；水流"三高三低"，同高同低；壶流"三起三落"，同起同落，最终使每碗茶汤完全一致。

凤凰三点头的手法需要柔和，不要剧烈。另外，水流三次冲击茶汤，能更多地激发茶性。我们不能以纯粹表演或做作的心态进行冲泡，一定要心神合一，这样才能冲泡出好茶来。

　　除了以上四种冲泡手法之外，在进行回转注水、斟茶、温杯、烫壶等动作时，还可能用到双手回旋手法。需要注意的是，右手必须按逆时针方向动作，同时左手必须按顺时针方向动作，类似于招呼手势，寓意为"来、来、来"，表示对客人的欢迎。反之则变成"去、去、去"的意思，所以千万不可做反。

喝茶做客的礼仪

当我们以客人的身份去参加聚会，或是去朋友家参加茶宴时，都不可忘记礼仪问题。面对礼貌有加的主人，如果我们的动作太过随意，一定会令主人觉得我们太没有礼貌，从而影响自己在对方心中的形象。

一般来说，喝茶做客需要注意以下几种礼仪：

1. 接茶

"以茶待客"，需要的不仅是主人的诚意，同时也需要彼此间互相尊重。因此，接茶不仅可以看出一个人的品性，同时也能反映出宾

接茶

客的道德素养。

如果面对的是同辈或同事倒茶时，我们可以双手接过，也可单手，但一定要说声"谢谢"；如果面对长者为自己倒水，必须站起身，用双手去接杯子，同时致谢，这样才能显示出对老人的尊敬；如果我们不喝茶，要提前给对方一个信息，这样也能使对方减少不必要的麻烦。

在现实中，我们经常会看到一类人，他们觉得自己的身份地位比倒茶者高，就很不屑地等对方将茶奉上，有的人甚至连接都不接，更不会说"谢谢"二字，他们认为对方倒茶是理所应当的。其实，这样倒显出其极没有礼貌，有失身份了。所以，当你没来得及接茶时，至少要表达出感谢之情，这样才不会伤害到倒茶者的感情。

2. 品茶

品茶时宜用右手端杯子喝，如果不是特殊情况，切忌用两手端茶杯，否则会给倒茶者带来"茶不够热"的讯号。

品茶讲究三品，即用盖碗或瓷碗品茶时，要三口品完，切忌一口饮下。品茶的过程中，切忌大口吞咽，发出声响。如果茶水中漂浮着茶叶，可以用杯盖拂去，或轻轻吹开，千万不可用手从杯中捞出，更不要吃茶叶，这样都是极不礼貌的。

除此之外，如果喝的是奶茶，则需要使用小勺。搅动之后，我们要把小勺放到杯子的相反一侧。

3. 赞赏

赞赏主要针对茶汤、泡茶手法及环境而言。赞赏的过程是一定要有的，这样可以表达对主人热情款待的感激之情。

　　一般来说，赞赏茶汤大致有以下几个要点：赞赏茶香清爽、幽雅；赞赏茶汤滋味浓厚持久，口中饱满；赞赏茶汤柔滑，自然流入喉中，不苦不涩；赞赏茶汤色泽清纯，无杂味。另外，如果主人或泡茶者的冲泡手法优美到位，还要对其赞赏一番，这并不是虚情假意的赞美，而是发自内心的感激。

4.叩手礼

　　叩手礼亦称为叩指礼，是以手指轻轻叩击茶桌来行礼，且手指叩击桌面的次数与参与品茶者的情况直接相关。叩手礼是从古时的叩头礼演化而来的，古时的叩手礼是非常讲究的，必须屈腕握空拳，叩指关节。随着时间的推移，逐渐演化为将手弯曲，用几个指头轻叩桌面，以示谢忱。

　　现在流行一种不成文的习俗，即长辈或上级为晚辈或下级斟茶时，下级和晚辈必须用双手指作跪拜状叩击桌面两三下；晚辈或下级为长辈或上级斟茶时，长辈和上级只须用单指叩击桌面两三下即可。

　　有些地方也有着其他的方法，例如平辈之间互相敬茶或斟茶时，单指叩击桌面表示"谢谢你"；双指叩击桌面表示"我和我先生（太太）谢谢你"；三指叩击桌面表示"我们全家人感谢你"，等等。

叩手礼

品位生活：➤ 茶道

第六章

茶人茶事茶典

茶与名人

从古至今，茶穿梭于各种场合之中。它进入皇宫，成为宫中的美味饮品之一；它流入寻常百姓家里，成为待客的首选。除此之外，它还与各类人打交道，上至王公大臣，下至黎民百姓，其中不乏各类名人，古今皆有。

1. 神农

第一个闻到茶香味的是神农。《茶经》中记载："茶之为饮，发乎神农氏，闻于鲁周公。"由此看来，早在神农时期，茶及其药用价值已被发现，并由药用逐渐演变成日常生活饮品。

2. 陆羽

陆羽生前爱茶，并著有《茶经》一书，将与茶有关的知识介绍得极为详细。除此之外，陆羽开创的茶叶学术研究，历经千年，研究的门类更加齐全，研究的手段也更加先进，研究的成果更是丰富，茶文化得到了更为广泛的发展。陆羽的贡献也日益为中国和世界所认识。陆羽逝世后不久，他在茶业界的地位渐渐突出起来，不仅在生产、品鉴等方面，而且在茶叶贸易中，人们也把陆羽奉为神明，凡做茶叶生意的人，多用陶瓷做成陆羽像，供在家里，认为这样做对其生意有帮助。

3. 皎然

说到诗僧，大家一定会想到皎然，他是南朝大诗人谢灵运的十世孙。其实，他不仅爱诗，更爱茶。他与陆羽常常论茶品味，并以诗文唱和。其作品之中对茶饮的功效及地方名茶特点等都有介绍。

皎然博学多识，著作颇丰，有《杼山集》十卷、《诗式》五卷、《诗评》三卷及《儒释交游传》《内典类聚》《号呶子》等著作，时至今日仍被无数茶人捧读。

4. 卢仝

卢仝，唐代诗人，他好茶成癖，诗风浪漫。他曾著《走笔谢孟谏议寄新茶》诗，传唱千年而不衰。其中最为著名的是"七椀"之吟，即："一椀喉吻润，两椀破孤闷。三椀搜枯肠，唯有文字五千卷。四椀发轻汗，平生不平事，尽向毛孔散。五椀肌骨清。六椀通仙灵。七椀吃不得也，唯觉两腋习习清风生。"其诗中将他对茶饮的感受及喜爱之情皆展现出来，由此我们也能看出他与茶的感情至深，真可谓"人以诗名，诗则又以茶名也"。

5. 曹雪芹

一部《红楼梦》让人记住了曹雪芹的名字，也同时看出了作者是个品茶好手。曹雪芹对茶的喜爱可以在《红楼梦》中寻找到踪迹，例如"倦绣佳人幽梦长，金笼鹦鹉唤茶汤""静夜不眠因酒渴，沉烟重拨索烹茶""却喜侍儿知试茗，扫将新雪及时烹"。这些诗词将他的诗情与茶意相融合，为后人留下的不仅是诗词，同时也是无数与茶相关的知识。

另外，妙玉以雪烹茶等详细描写，更衬托出作者对茶的热爱。贾府中不同院落里的精致茶器，也从另一个角度突出了院落主人的性情以及贾府的奢华。我们不难看出，曹雪芹可称为爱茶之人。

6. 张岱

张岱认为人的一生应有爱好，甚至应该有"癖"，有"瘾"。那么，他的诸多爱好中，称为"癖"的非"茶癖"莫属了。史料表明，他对绍兴茶业的发展做出过极大的贡献，在《兰雪茶》一文中，他说："遂募歙人入日铸。扚法、掐法、挪法、撒法、扇法、炒法、焙法、藏法，一如松萝。"兰雪茶出现后，立即得到人们的好评，绍兴人原来喝松萝茶的也只喝兰雪茶了，甚至在徽州各地，原来唯喝松萝茶的也改为只喝兰雪茶了。张岱不仅创制了兰雪茶新品种，还发现和保护了绍兴的几处名泉，如"禊泉""阳和泉"等，使绍兴人能用上上等泉水煮茶品茶。

7. 巴金

著名文学家巴金老人很早就与潮汕工夫茶结缘。作家汪曾祺在《寻常茶话》中记载："1946年冬，开明书店在绿杨村请客。饭后，我们到巴金先生家喝工夫茶。几个人围着浅黄色老式圆桌，看陈蕴珍（萧珊）表演：濯器、炽炭、注水、淋壶、筛茶。每人喝了三小杯。我第一次喝工夫茶，印象深刻。这茶太酽了，只能喝三小杯。在座的除巴先生夫妇，有靳以、黄裳。一转眼，四十三年了。靳以、萧珊都不在了。巴老衰病，大概没有喝一次工夫茶的兴致了。那套紫砂茶具大概也不在了。"

巴金老人平时喝茶很随意，用的是白瓷杯，后来，著名制壶大师许四海去拜访，用紫砂壶冲泡法为他冲泡了乌龙茶。茶还没喝时，一股清香就已经从壶中飘出，巴金老人一连喝了几盅，连连称赞。

8. 汤玛士·立顿

提到汤玛士·立顿，可能有许多人不知道他是谁，但提起"立顿"这个品牌，相信大家一定不会陌生。他就是立顿红茶的创办人，以"让全世界的人都能喝到真正的好茶"为口号，让"立顿"这个品牌响彻全球。

汤玛士对红茶极其热衷，他发现红茶会因水质不同而有口味上的微妙差异，例如，适合曼彻斯特水质的红茶来到伦敦便完全走味，于是他想了个办法，让各地分店定期送来当地的水，再配合各地不同的水质创立不同的品牌。除此之外，他卖茶的方式也与众不同，以前的茶叶都是称重量，而他将茶叶分为许多不同重量的小包装，并在上面印有茶叶品质，这种独特的方式令许多人争相购买。

时至今日，由汤玛士奠定的基础，及后人对茶的求新求变，使立顿红茶行销全世界。"立顿"几乎成为红茶的代名词，在世界各个角落都能品尝到它的芳香。

从古至今，从中国到海外，茶与无数名人都结下了深厚的缘分。人们爱茶、敬茶，而茶叶将其独特的馥郁芬芳留给了每个喜爱它的人。今天，仍有无数名人与茶为伴。

诗僧与茶僧

提到诗僧与茶僧，茶人们一定会联想起那个丰神如玉、一尘不染的人来，他就是皎然，茶圣陆羽的忘年之交。

每逢三四月，江南就是落雨天气。清晨，月还未落，皎然踏上木屐便出门照看那些茶树，穿梭在细雨之间，嘴里念着茶树的情况："三月十三日，雨，一芽一叶初展，叶方开面……"当他记录完这日清晨茶树的生长情况之后，雨下得也大了起来。他从茶山慢慢地往下走。回到居处，却见门半开着。

"鸿渐（陆羽字鸿渐），你来了吗？"皎然在门外喊了一声，以为是好友陆羽来了。可进门看时，却发现正是当时很出名的女道士李季兰。她背对着皎然，正往紫铜的薰笼里储进一片檀香。

皎然笑着说："是你啊，我当是鸿渐来了呢。"

李季兰回身向他一笑，说道："他一会儿也要来的，我想先弹一首新学的曲子给你听。"说完在琴凳上轻盈地坐下来，试了试音调之后笑道："我就要弹了，这次要考一考你，看我弹的是什么曲子？"

一曲终了，李季兰低头不语，半晌方抬起头来莞尔一笑，对皎然笑道："连我自己都到琴曲里面去了。"

皎然猜到了这曲子的名字，李季兰顿时觉得心生愉悦。随后皎然也为她弹了曲子，直听得李季兰泪眼婆娑，说道："人生倏忽兮如白驹过隙，唉，年华流去，连我也不知明日身在何处，同谁在一起……"

皎然笑着回答说："随它去。"

正说笑间，陆羽到了。吃罢早饭之后，三人在茶室闲话消食。陆羽自怀中掏出一个荷包，从中抽出几枚叶片递给皎然："此叶是清晨我同一位茶农在山顶烂石间的一棵大树上摘的，你瞧瞧。"

皎然接过叶片，仔细看了会儿，又闻了闻味道，回答说："这叶片应是茶种，却同咱们以前发现的那些略有不同。"

"是，我也觉得有些不一样，不过不太确定，这才拿来给你再看看。"陆羽点头答道。

皎然将叶片放进口中细细嚼着，陆羽急忙阻止说："这才发现的茶种，也不知有毒没毒，你怎么就吃了！"

皎然无所谓地笑笑，回答说："无妨，此茶味清甜芬芳，应是好的茶种。鸿渐，这茶树共有几棵，树旁是否有别的果木间生？"陆羽道："树倒是只有一棵，却是野生无疑，旁有果树，只不知是什么果子。"

皎然在本子上边记录边道："待天放晴后，上山去采一些鲜叶回来制茶试试，此茶应为茶中珍品。"

陆羽眼中顿时现出了光芒："正好用它来试试咱们前几日想出的隔蒸法！"皎然笑而点头曰："对，此茶虽然娇嫩，但极有内质，正好用隔蒸法激发茶性。"

皎然又问道："上回你说煮茶时可不加咸蓝，可曾试过？"

陆羽回答说："不知不加咸蓝是否会有青气，所以还未曾试，手边皆是好茶，都不舍得。再说前人煮茶一向加咸醝，想来是有些道理的。"

皎然道："咸醝因为官贩，贵重难得，这才将其加入茶中，茶味鲜否倒在其次了。我倒觉得，不加咸醝方可品评茶之本味。"

陆羽说道："只是今人吃惯了加醝之茶，不知又有几人能尝无醝之茶。"

皎然道："茶也好，禅也好，原应归在一处的，与人何干。茶便是茶了，为什么依人的喜好呢？原本茶之事，最重为德，最宜精行俭德之人，德清自然茶纯，岂又是在醝中的。茶本难得，加之咸醝价贵，别说是贫民，就连一般人家也吃不起。何日农家商贾户户饮茶，那才是茶之归处。"

陆羽道："只是茶清高珍贵，皇室大夫中还有人不谙其性，百姓家又怎知其味？"

皎然道："胸怀中有茶，松针落叶莫不是茶了。"陆羽笑道："至难。"皎然笑而不答。

三人吃茶清谈，至晚方散。

李季兰说琴谱忘了带回，让陆羽在前方等她，转身回去。远远地就见到皎然那飘然若仙的背影，她忽然觉得听到了自己的心跳声。李季兰站在了皎然的身后，见他正立于画案前挥毫书字。

她正要出声唤他的名字，他却已转身，向她笑说道："季兰，来瞧瞧我新写的诗。"

李季兰怔在那里，半晌方回过神来，走到他的身旁，只见纸上墨痕未干的一首诗："天女来相试，将花欲染衣。禅心竟不起，还捧旧花归。"字是连绵洒脱，人亦然。

李季兰再三读着，含着泪苦笑。她拿起搁在砚旁墨犹未干的笔来，另铺了一张纸，写道："禅心已如沾泥絮，不随东风任意飞。"一滴未忍住的泪滴在"飞"字上，将墨洇化了开来。

李季兰将笔搁回原处，轻声道："我已经放下了。"皎然点了点头。

皎然送李季兰到门口，挥手向她道别。李季兰黯然地走出一段，终还是回头望了一眼。可皎然已不在那里……

整个故事读罢不由得使人叹息一声：多情的李季兰，心如止水的皎然，两人在琴声与茶香里视彼此为知己，却无法在感情世界中比翼双飞。皎然爱茶，也爱同道中人，可面对这样一个才貌俱佳的女子，却仍是一心不起，虽然令人感到遗憾，却能看出他宁静淡然的心境，与茶何其相似。

唐伯虎与祝枝山猜茶谜

　　唐伯虎与祝枝山不仅同为"江南四大才子"，私下里也是特别好的朋友，两人经常互相切磋画技，有时也互相猜谜。

　　一天，祝枝山刚走进唐伯虎的书斋，就被邀品茶猜谜。

　　唐伯虎笑着说："我正巧作了一条四字谜，如果你猜不出，恕不接待！"说完，唐伯虎吟出谜面："说话已到十二月，两人土上东西分。三人牵牛少只角，草木之中有一人。"

　　祝枝山想了一会儿，立刻得意地敲了敲茶几，说："倒茶来！"

唐伯虎见祝枝山猜中了，顿时哈哈大笑，把他让到椅子上，并示意仆人上茶。原来，这个字谜的谜底正是"请坐奉茶"。

两人边喝茶边聊天，过了一会儿，祝枝山也出了一条谜语，让唐伯虎猜。谜面是："虽是草木中人，乐为百姓献身。不惜赴汤蹈火，要振吾民精神。"听罢，唐伯虎随即也说了一个谜面："深山坞里一蓬青，玉龙十爪摘我心。带到潼关火烧死，投进汤泉又还魂。"

祝枝山听后不解其意，唐伯虎笑着说："祝兄，我的谜即是你的谜，谜底都是'茶'字呀！"祝枝山听完恍然大悟，摇头一笑。

不知不觉间已经到了中午，祝枝山要告辞回去，临走前对唐伯虎说："伯虎兄，我还有个字谜要请你猜，夕上又加夕，言身寸旁立。王字出点头，大字去了一。"唐伯虎略一沉思，随即答道："祝兄何必客气，不必'多谢主人'，欢迎你再来寒舍。"

这个小故事，两人以茶为谜题，互相猜来猜去，别有一番趣味。由此我们也能看出，古代的文人雅士往往都喜茶爱茶，茶俨然成为他们生活中的一部分了。

杨维桢与茶

　　元代杨维桢的《煮茶梦记》是一篇优美的古代茶事散文，写得优美绝伦。

　　杨维桢是元代文学家、书法家，平时嗜茶如命，对茶饮情有独钟。有一年冬天，杨维桢读书读到半夜三更，忽然向窗外望去，见窗前月光明亮，一枝梅影摇曳不息。顿时，他茶兴大发，唤来书童，从山后取来泉水，燃起竹炉，并从茶囊中取出一种名为凌霄芽的茶叶，让书童烹茶，他则在一旁观赏，借以放松身心，缓解读书的疲惫。

　　随着竹炉的火温升高和渐渐响起的水沸声，杨维桢不知不觉竟然睡着了。他感觉到全身轻飘飘的，像是漂浮在云中一样，似乎有一股仙气，把他送到一个"清真银辉"的堂上。

这里有制作精美的紫桂榻，垂地的香云帘，随着微风浮动，流光溢彩，烟霞缭绕。杨维桢见此美景，竟作出一首《太虚吟》，唱道："道无形兮兆无声，妙无心兮一以贞……"这

时，他看到许多仙子翩翩而至，其中一位穿着绿衣服的仙子来到他面前，说自己名叫淡香，小字绿花。淡香捧着太元杯，杯中盛着"太清神明之醴"，双手奉给杨维桢，称此汤能延年益寿。

杨维桢接过并饮之，作了一首词赠给淡香，词中这样写道："心不行，神不行，无而为，万化清。"淡香立刻取来纸笔，也作了一首歌回赠于他，歌中唱到："道可受兮不可传，天无形兮四时以言。妙乎天兮天天之先。天天之先复何仙。"

歌罢，祥云渐渐消退，淡香与众位仙子一同化作一阵白烟，飘然远去。

杨维桢忽然醒了过来，这才发觉原来是一场梦。此时月光仍然皎洁明亮，隐于梅花之间。一切还与先前相同，但梦中所遇的仙景却留在杨维桢的脑海中了。

后来，杨维桢为了记录这段神奇的经历，便写了《煮茶梦记》这篇优美绝伦的散文。人们在读过这篇散文之后，一定会觉得其中包含着美妙的韵味，这正是他在梦中所见到的图景啊！

有关茶的著作

一代又一代名人留下无数与茶相关的作品，其中一些对茶叶的记载算得上极尽详细，这些著作可以称得上瑰宝，值得现今所有爱茶之人借鉴。

1.《茶经》

《茶经》创作于"茶圣"陆羽之手，是世界历史上第一本全面介绍茶的概况的专著，被誉为"茶叶百科全书"。这本书分别从茶的起源、采茶的用具、采茶的方法等十个方面详细地论述了茶叶生产的历史、现状、生产技术以及饮茶技艺、茶道原理。

不少古人将自己有关茶的经历和见闻记录下来，做成专门论述茶业的书籍和文献。

它不仅是一部精辟的农学著作，还是一本阐述茶文化的书，同时也将普通茶事升格为一种美妙的文化功能，不仅推动了中国茶文化的发展，也在世界范围内广为流传，开创了中华茶艺与茶道的先河。

2.《茶录》

《茶录》是宋代重要的茶学专著，作者蔡襄。其文虽不长，但自成系统。全书分为两篇，上篇论茶，下篇论茶器。上篇中对茶的色、香、味和藏茶、炙茶、碾茶、罗茶、候汤、熁盏、点茶做了简明扼要的论述，主要论述茶汤品质和烹饮方法。在下篇中，分茶焙、茶笼、砧椎、茶钤、茶碾、茶罗、茶盏、茶匙、汤瓶九目。下篇中对制茶用具和烹茶用具的选择，有独到的见解。值得注意的是，全书各条均是围绕着"斗试"这一内容的，其上篇各条，与下篇各条均成一一对应，形成一个完整的体系。因而，《茶录》是一部重要的茶艺专著，也是继陆羽《茶经》之后最有影响的论茶专著。

3.《煎茶七类》

从茶史上论，徐渭（1521—1593年）的《煎茶七类》稿是中国茶道之至论，而且文稿的形成和出现，有着引人寻幽探秘之魅力。全书250字左右，分为人品、品泉、烹点、尝茶、茶宜、茶侣、茶勋七则。

4.《僮约》

《僮约》是王褒（公元前90—公元前51年）的作品中最有特色的文章，也是一篇极其珍贵的历史资料，文章中记述了他在四川时亲身经历的事。在《僮约》中有这样的记载："脍鱼炮鳖，烹茶尽具""牵犬贩鹅，武阳买茶"。由此我们可以知道，四川地区是全世界最早种茶与饮茶的地区；武阳地区是当时茶叶主产区和著名的茶叶市场。因而，《僮约》这篇文章可称得上是我国，也是全世界最早的关于饮茶、买茶和种茶的记载。

5.《大观茶论》

《大观茶论》是宋代皇帝赵佶关于茶的专论。全书共20篇，其中对北宋时期蒸青团茶的产地、采制、烹试、品质、斗茶风尚等均有详细记述。其中"点茶"一篇，见解精辟，论述深刻，书中记载，点茶讲究力道的大小，力道和工具运用的和谐。它对手指、腕力的描述尤为精彩，整个过程点茶的乐趣、生活的情趣跃然而出，这不仅从一个侧面反映了北宋以来我国茶业的发达程度和制茶技术的发展状况，也为我们认识宋代茶道留下了珍贵的文献资料。

就内容而言，《大观茶论》可以说是有关茶知识的入门之作，主要在于它提出了以下几种观点：提出了"阴阳相济，则茶之滋长得其宜"的观点；关于天时对茶叶优劣的影响，它提出了"焙人得茶天为庆"的观点；对制茶过程，它提出了"洁净宜熟良"的要求。《大观茶论》的最大特点是把深刻的哲理与生活情趣寓于对茶的极其简明扼要的论述中，使后人能够更容易理解。

6.《品茶要录》

《品茶要录》是黄儒著于宋代熙宁八年（1075年）的茶学专著。全书十篇，分别提出与茶有关的十种方法：一说采造过时，则茶汤色泽不鲜白，水脚微红，及时采制的佳品茶汤色鲜白；二说白合盗叶，茶叶中掺入了白合、盗叶而使茶味涩淡；三说入杂，讲如何鉴别掺入的其他叶片；四说蒸不熟；五说过熟；六说焦釜；七说压黄；八说渍膏；九说伤焙；十说辨别，谈壑源、沙溪两块茶园，两地虽只隔一岭，相距无数里，但茶叶品质相差很大，说明自然环境对茶叶品质的影响。最后指出芽细如麦，鳞片未开，阳山砂地之茶为佳品。

本书对茶叶采制得失对品质的影响做出了仔细分析，并提出茶叶欣赏鉴别的标准，对审评茶叶具有一定参考价值，值得爱茶之人借鉴参考。

7.《茶谱》

《茶谱》的作者为朱权，他是明太祖朱元璋第十七子。全书除了绪论外，可分为十六则，其中绪论部分简单地介绍了茶事是雅人之事，可用于修身养性。正文首先指出了茶的功效，包括"解酒消食，除烦去腻""助诗兴""倍清谈""伏睡魔""能利大肠，去积热，化痰下气"等。除了对茶功效的记载，《茶谱》中还提到了饮茶器具，例如炉、灶、磨、碾、罗、架、匙、筅、瓯、瓶等，列举得极为详细。

朱权在这本专著中提出了许多观点，例如，他觉得在诸多茶书之中，唯有陆羽和蔡襄得到了茶中的真谛，对茶的理解较为深刻；他还认为，饼茶不如叶茶好，原因是叶茶保存了原有茶叶的色香味形等特色。朱权对茶的领悟可谓极高，他将品茶提升到一个全新的层次，即"或会于泉石之间，或处于松竹之下，或对皓月清风，或坐明窗静牖，乃与客清淡款话，探虚玄 而参造化，清心神而出尘表。"他在著作中指出，这是饮茶的最高境界。